Demur Chomakhidze
Maia Melikidze

Podstawy metodologiczne i koncepcyjne rozwoju energetyki

Demur Chomakhidze
Maia Melikidze

Podstawy metodologiczne i koncepcyjne rozwoju energetyki

w Gruzji

Wydawnictwo Bezkresy Wiedzy

Imprint

Cover image: Provided by the author

This book is a translation from the original published under ISBN 978-613-8-38669-8.

Publisher:
Wydawnictwo Bezkresy Wiedzy
is a trademark of
Dodo Books Indian Ocean Ltd., member of the OmniScriptum S.R.L Publishing group
str. A.Russo 15, of. 61, Chisinau-2068, Republic of Moldova Europe
Printed at: see last page
ISBN: 978-620-0-54312-7

PODSUMOWANIE

Książka ta implikuje problemy związane z rozwojem gruzińskiego sektora energetycznego. Gruzja jest jednym z najstarszych krajów na świecie, który nie jest znany nowemu pokoleniu obcych ludzi i dlatego może być dla nich odkryciem. Powyższe odnosi się również do sektora energetycznego. Nasz kraj ma duży potencjał i jest bardzo atrakcyjny dla inwestorów. Istniejąca sytuacja jest jednak nadal nie do opanowania.

Ten dokument składa się z dwóch części. W pierwszej części omówiono przeprowadzone reformy i osiągnięcia oraz istniejące wyzwania stojące przed gruzińskim sektorem energetycznym z perspektywy nowoczesnej i historycznej. Dokument koncentruje się na jednym z kluczowych ostrych zagadnień, takich jak bilans energetyczny, poziom elektryfikacji i gazyfikacji, wykorzystanie zasobów energetycznych, efektywność energetyczna, środowisko i regulacja sektora.

Druga sekcja przewiduje istotne kwestie i działania niezbędne dla rozwoju gruzińskiego sektora energetycznego, w szczególności bezpieczeństwo energetyczne, optymalizację bilansu energetycznego, stworzenie konkurencyjnego rynku energii, oszczędność energii, ochronę środowiska i współpracę zewnętrzną. W niniejszym dokumencie przewidziano również uzasadnione opinie i propozycje niezbędne do poprawy regulacji sektora energetycznego.

Wprowadzenie

Przewiduje się, że do połowy XXI wieku, w wyniku marnotrawnego zużycia gazu ziemnego, ropy naftowej i innych zasobów energetycznych, węglowodorowe zasoby energetyczne zostaną w pełni wyczerpane. Jednocześnie nadmierne i nieracjonalne zużycie energii stwarza poważne problemy środowiskowe. Przewiduje to nowe podejście do rozwoju kompleksu paliwowo-energetycznego. W oparciu o analizy ekspertów dotyczące rozwoju energii w skali globalnej, niezbędne jest przejście od tradycyjnego, nieodnawialnego, organicznego do odnawialnego i niewyczerpywalnego zużycia zasobów. W związku z tym zdecydowana większość krajów rozwija własną politykę i strategię energetyczną w oparciu o krajowe zasoby energetyczne oddzielnie lub w ścisłej współpracy z innymi krajami; głównie w celu bezpiecznego, niezawodnego i skutecznego zaspokojenia rosnącego zapotrzebowania na energię.

Biorąc pod uwagę stan geopolityczny Gruzji, dostawy energii elektrycznej i paliw w oparciu o krajowe zasoby energetyczne wraz z importem, a także jej integracja z regionalnymi lub światowymi rynkami energetycznymi jest jednym z kluczowych czynników niezależnego, bezpiecznego i szybkiego rozwoju społeczno-gospodarczego kraju.

Kompleks energetyczny Gruzji obejmuje wszystkie rodzaje zużycia energii i surowców; składa się z poszukiwania, wzbogacania, rafinacji, magazynowania, transportu i wykorzystania systemów wraz z siecią ochrony środowiska.

Kompleks energetyczny jest jednym z podstawowych elementów gospodarki, odgrywającym wiodącą rolę w rozwoju społeczno-gospodarczym, postępie naukowo-technicznym, tworzeniu infrastruktury i zwiększaniu produkcji przemysłowej.

Dlatego też poziom produkcji i zużycia energii na mieszkańca jest jednym z kluczowych wskaźników rozwoju na całym świecie, a zapewnienie stabilnych dostaw energii jest jednym z najważniejszych czynników we współczesnym społeczeństwie.

Ekspertyzy dotyczące "biosfery, społeczeństwa i gospodarki" pokazują, że zużycie energii jest znacznie bardziej wiarygodnym parametrem rozwoju gospodarczego niż PKB kraju we współczesnym świecie.

Podstawowe cele gruzińskiej strategii energetycznej znacznie różnią się od tych krajów, które posiadają krajowe zasoby paliw organicznych.

Uznaje się, że w długim okresie historycznym, aż do końca XX wieku, Gruzja nie dysponowała wystarczającymi wewnętrznymi zasobami energii pierwotnej, a zatem musiała importować około 85 % paliwa pierwotnego.

Gruzja dysponuje jednak wewnętrznie większością zasobów energetycznych wykorzystywanych na całym świecie. Są to: węgiel, torf, ropa naftowa, gaz ziemny, wody geotermalne; duży potencjał dla energii wiatrowej, słonecznej, biomasy i geotermalnej. Gruzja jest bogata w zasoby energii wodnej; potencjał techniczny wynosi 80 miliardów kWh rocznie (ekonomicznie opłacalne zasoby wodne stanowią 40 miliardów kWh rocznie), podczas gdy obecnie wykorzystuje się tylko 9 %.

Szczególne znaczenie ma stan geograficzny i potencjał tranzytowy Gruzji.

Powyższe tworzy silną podstawę dla rozwoju gospodarczego Gruzji i stanowi potężny kluczowy czynnik dla lokalnych i regionalnych perspektyw energetycznych Gruzji.

Wraz ze znacznymi zasobami naturalnymi, Gruzja posiada duże zasoby ludzkie, intelektualne i naukowo-techniczne.

Jednym z najpoważniejszych problemów, wpływających na strategię energetyczną Gruzji, jest spadek energochłonności gospodarki krajowej.

Wraz z trudnościami typowymi dla gospodarki tranzytowej gruzińska strategia energetyczna musi uwzględniać światowe i regionalne wskaźniki rozwoju gospodarczego.

Obecnie bilans produkcji i zużycia zasobów energetycznych na mieszkańca nie jest taki sam - wynosi on do 0,6 tony paliwa równoważnego (toe), podczas gdy podobny wskaźnik światowy wynosi 1,5 tony, a w krajach rozwiniętych ponad 3 tony.

Poprawa produkcji energii elektrycznej wymaga większego tempa wzrostu. Prognozowane tempo wzrostu produkcji energii elektrycznej na świecie w latach 2001-2020 przewiduje 2,6 %, natomiast w krajach rozwiniętych gospodarczo do 1,7 %. Dopuszczalna stopa wzrostu produkcji energii elektrycznej w Gruzji musi osiągnąć około 3 %.

Obecnie trendy gospodarcze wskazują na perspektywy wzrostu zapotrzebowania na energię. Konieczne jest więc rozwiązanie problemów w skali globalnej, w ściśle określonych warunkach rynkowych.

Zaspokojenie współczesnych potrzeb jest możliwe dzięki jakościowo odnowionemu kompleksowi energetycznemu z punktu widzenia nowoczesnego marketingu.

Stałe dostarczanie produktów energetycznych dla gospodarki i ludności Gruzji jest możliwe dzięki długoterminowej, wykonalnej strategii energetycznej, równie rozsądnej dla instytucji społecznych i państwowych. Strategia ta obejmuje:

- polityka energetyczna (narzędzie do realizacji strategii energetycznej);

- bezpieczeństwo energetyczne i ochrona środowiska;
- programy strategiczne koncentrujące się na rozwoju poszczególnych dziedzin;

Gruzińska strategia energetyczna do 2020 roku jest dokumentem nadającym konkretny wyraz: celom długoterminowej polityki energetycznej Gruzji; kompleksowej roli energetycznej w przewidywanym okresie w warunkach powstałych w kraju lub z niego zainicjowanych, takich jak gruzińskie trendy gospodarcze, globalizacja rynku energetycznego, rozwój polityczny, perspektywy makroekonomiczne i naukowo-techniczne;

Głównym celem strategii energetycznej jest:

- Określenie sposobów osiągnięcia jakościowo nowego stanu kompleksu energetycznego;
- Zwiększenie potencjału zdolności na rynku regionalnym oraz konkurencji (korzystanie z własnej infrastruktury) w oparciu o określone priorytety rozwoju kompleksu energetycznego oraz ostateczne dane prognostyczne dla obecnego potencjału;
- Sformułowanie środków wykonawczych polityki energetycznej państwa.

Ramy koncepcyjne strategii energetycznej obejmują:

- Dostarczanie energii gospodarce państwowej i odbiorcom będącym rezydentami w ramach rozsądnego, oszczędzającego energię i zachęcającego systemu cen;
- Ograniczenie braku dostaw energii i związanych z tym zagrożeń;
- Obniżenie zużycia energii na poziomie przemysłowym i mieszkaniowym;

- Racjonalne zużycie energii;
- Zużycie technologii i urządzeń energooszczędnych;
- Obniżenie opłat za produkcję, rafinację i transport;
- Poprawa sytuacji finansowej;
- Wzrost efektywności energetycznej;
- Minimalizacja produkcji energii ograniczonej przepisami środowiskowymi, wykorzystującymi nowe technologie poszukiwania, rafinacji i transportu.

Podstawowym sposobem realizacji programu strategii energetycznej jest kształtowanie nowoczesnego rynku energetycznego, opartego na handlowych relacjach gospodarczych. Tam, gdzie państwo ogranicza swoje funkcje operacyjne i wzmacnia własną rolę regulatora w zakresie trendów marketingowych, naturalnego monopolu, regulacji taryfowej i kwestii stopniowej liberalizacji taryf.

Przepisy państwowe oznaczają, że są:

- regulacja antymonopolowa w zakresie taryf, podatków, odpraw celnych i reform instytucjonalnych kompleksu energetycznego;
- zwiększenie efektywności zarządzania przedsiębiorstwem państwowym;
- przyjmowanie norm technicznych i standardów stymulujących zarządzanie rozwojem energii
- wspierać i zachęcać do podejmowania inicjatyw gospodarczych związanych z inwestycjami, innowacjami i oszczędzaniem energii;

Program strategii energetycznej przewiduje:

- politycznej i gospodarczej stabilności kraju;
- korzystna gospodarka narodowa;
- przyjmując mniej energochłonne technologie;
- istotne czynniki przemysłowe i społeczne
- aktywne wsparcie państwa dla takich programów dalekiego zasięgu;

Polityka energetyczna, będąca integralną częścią tej strategii, opiera się na niej:

- stały i stopniowy proces reform;
- stosowanie innowacji technicznych
- środki stymulujące inwestycje.

Jeśli chodzi o poprawę klimatu inwestycyjnego, szczególną uwagę należy zwrócić na stosunek państwa do prywatnych inwestycji w zakresie remontów i budownictwa, co oznacza zachęcanie inwestorów do prowadzenia akceptowalnej polityki podatkowej i regulacyjnej.

Wysokie wskaźniki nowych mocy energetycznych, zwłaszcza w energetyce wodnej, są możliwe do osiągnięcia pod warunkiem stworzenia korzystnych warunków inwestycyjnych. Należy zwrócić uwagę na powyższe problemy w państwowych organizacjach zarządzających, biorąc pod uwagę, że zaawansowane tempo rozwoju energetyki ma wyjątkowe znaczenie dla wzrostu całej gospodarki.

Osiągnięcia i istniejące wyzwania

Deficientowy bilans energetyczny

Problem związany z bilansem energetycznym Gruzji ma istotne znaczenie, ponieważ tradycyjnie zapotrzebowanie na energię nie mogło być zaspokojone wewnętrznie, a jego znaczna część (65-70%) była importowana z innych krajów.

Metody bilansowania są szczególnie ważne dla określenia, czy ekonomia i jej sektory rozwijają się w sposób proporcjonalny. Umożliwia on oszacowanie głównych powiązań gospodarczych w ramach struktury przemysłu, szybkości i proporcji jego rozwoju, zmian strukturalnych w wytwarzaniu i konsumpcji oraz ważnych technicznych i ekonomicznych wskaźników produkcji zarówno z sektorowego, jak i terytorialnego punktu widzenia.

Opracowanie i badanie bilansów materiałowych jest jednym z podejść do stosowania metod bilansowania w ekonomii. Takie podejście jest realizowane na terenie całego kraju i dostarcza informacji na temat zasobów produkcyjnych i ich alokacji ze względu na ich przeznaczenie. Najbardziej znaczącymi bilansami materiałowymi są bilanse paliw i energii, które obejmują wszystkie rodzaje paliw i zasobów energetycznych różniące się pochodzeniem i rodzajem zużycia oraz umożliwiają określenie ilości i struktury produkcji i zużycia tych zasobów, pól energochłonnych, kierunków docelowych konsumpcji oraz scharakteryzowanie powiązań gospodarczych w regionie itp. Gruntowna analiza bilansów paliw i energii jest obowiązkowym warunkiem wstępnym dla oszacowania głównych kierunków wytwarzania i wpływu lepiej zużywających się rezerw tych zasobów. Sprzyja to skutecznemu rozwiązywaniu problemów związanych z zasobami paliw i energii.

Wzajemne powiązanie struktur paliwowych i energetycznych z poszczególnymi dziedzinami ekonomii odbywa się poprzez prowadzenie bilansów paliwowych i energetycznych. Bilanse paliw i energii charakteryzują jakość i ilość tych zależności. Odzwierciedla się to przede wszystkim w ilości i strukturze zużycia paliw i energii w strukturach przemysłowych, co wskazuje na wzrost gospodarczy i poziom rozwoju przemysłowego kraju.

Krótki przegląd historyczny

W okresie sowieckim bilanse energetyczne we wszystkich krajach byłego Związku Radzieckiego, w tym w Gruzji, były przeprowadzane raz na 5 lat. Państwowy Komitet Statystyczny ZSRR był odpowiedzialny za nadzór nad takimi działaniami w całej Republice, podczas gdy odpowiednie jednostki centralne zarządzały tym procesem na poziomie krajowym. Salda, jeżeli są przeprowadzane zarówno w jednostkach naturalnych, jak i tymczasowych. Ten ostatni został dostarczony w ekwiwalentach węgla. Podstawowe dokumenty były dostarczane organom statystycznym poprzez tworzenie i konsumowanie zobowiązań. Bilanse energetyczne zyskały szczególne znaczenie po uzyskaniu niepodległości państwowej. Sprzyjał temu fakt, że przemysł narodowy kraju zorientował się na import paliw surowych. Transformacja kraju z gospodarki planowej do rynkowej ujawniła dodatkowe problemy ekonomiczne związane z importem paliwa, w szczególności spowodowane szybkim wzrostem cen na rynku paliw surowych. Ceny surowców energetycznych wzrosły co najmniej 4-krotnie od 1990 r., podczas gdy ceny produktów materialnych pozostały niezmienione lub nieznacznie wzrosły, a następnie pojawiły się poważne problemy. Sytuację pogorszył fakt, że spuścizna prawie wszystkich dziedzin przemysłu charakteryzowała się wysoką energochłonnością, a obecne technologie wymagały pełnego remontu.

Z wyżej wymienionych powodów, długotrwały kryzys energetyczny wystąpił w kraju w okresie przejściowym reform gospodarczych, które w równym stopniu zaszkodziły segmentowi materialnemu i gospodarstwom domowym.

W takiej sytuacji pojawiły się istotne problemy z rejestracją zasobów energetycznych i przygotowaniem bilansów energetycznych. W trakcie reform gospodarczych (od 1990 r.) zaprzestano dostarczania podstawowych danych rejestracyjnych do Państwowego Urzędu Statystycznego Gruzji. W przypadku tych i innych uzasadnionych powodów okresowe bilanse energetyczne nie były przeprowadzane w Gruzji przez około 22 lata (1991-2012); na początkowym etapie było to spowodowane tym, że formularze statystyczne zatwierdzone w okresie gospodarki planowej różniły się od międzynarodowych formularzy statystycznych zatwierdzonych z podobnych powodów. W takich warunkach głęboka analiza sektora, opracowanie odpowiednich zaleceń itp. stało się niemożliwe. Rok 2001 był pod tym względem wyjątkiem, ponieważ bilans energetyczny Gruzji został przeprowadzony na podstawie wyrywkowych badań zużycia energii przez przedsiębiorstwa użyteczności publicznej i gospodarstwa domowe w latach 2001-2002 z wykorzystaniem środków TACIS. Przez resztę okresu rozpoczęliśmy obliczanie bilansów energetycznych Gruzji. Zastosowaliśmy międzynarodowe standardy i uznane na całym świecie wartości. W odróżnieniu od standardów gospodarki planowej (gdzie stosowano ekwiwalent węgla), transfer zasobów paliwowych z jednostek naturalnych do wartości tymczasowych odbywał się poprzez stosowanie ekwiwalentów paliwowych. Wykorzystaliśmy materiały przygotowane przez gruzińskich i zagranicznych ekspertów oraz różne organizacje w ramach projektów pomocy technicznej, w tym ekspertów TACIS-u, Banku Światowego i Międzynarodowego Funduszu Walutowego. Na podstawie powyższych materiałów prowadziliśmy regularne badania i publikowaliśmy prace badawcze w różnych gazetach, w 2007 roku ukazała się nawet monografia.

Istotne zmiany nastąpiły w latach 2013-2014, kiedy to GEOSTAT skupił się na opracowywaniu statystyki dotyczącej energii i opracowywaniu bilansów energetycznych zgodnie ze standardami międzynarodowymi. Wydano już 2 publikacje, które służą głównie jako podstawa do tych badań. Analiza bilansów energetycznych w pierwszych latach niepodległości Gruzji opiera się na dostarczonych przez autora informacjach statystycznych, które niemal odzwierciedlają rzeczywistość. Dowodem na to jest analiza porównawcza danych pozyskanych w drodze oficjalnych wyliczeń i przeprowadzonych przez nas obliczeń.

Bilans energetyczny w pierwszych latach niepodległości Gruzji

W okresie przejściowym od gospodarki planowej do rynkowej procesy stagnacji gospodarczej zachodziły w krajach postsowieckich, w tym w Gruzji, co obejmowało wszystkie dziedziny gospodarki mające wpływ na gospodarstwa domowe i sektory przemysłowe w szczególności. Warunki końcowego zużycia energii uległy pogorszeniu.

Brak własnej produkcji energii i uzależnienie od importu energii pogorszyło powyższy proces w Gruzji. Nasycenie rynku energetycznego nie powiodło się przez lata niepodległości. Wciąż jednak wykrywany jest duży deficyt energii, szczególnie w okresach jesiennych i zimowych. Podaż gazu ziemnego i energii elektrycznej na regulowanym rynku energii była znacznie ograniczona, a w niektórych przypadkach nastąpiły wymuszone przerwy w dostawach. Zaopatrzenie sektorów gospodarki w energię zależało głównie od importu z krajów sąsiednich. Jednak kraj ten nie miał możliwości dokonania wyboru wśród dostawców energii. W kolejnych latach zaopatrzenie w energię znacznie się ustabilizowało, ale stopień końcowego zużycia był znacznie mniejszy w porównaniu z niezbędnym poziomem zużycia energii. Udział przemysłu był szczególnie niski w zużyciu energii ogółem. Zmiany wynikały z zawieszenia obiektów energochłonnych. Zakład metalurgiczny przestał funkcjonować, a eksploatacja dużych zakładów energetycznych zmniejszyła moce produkcyjne. Głównym odbiorcą produktów naftowych stał się sektor transportu. Wśród odbiorców gazu ziemnego dominują sektory produkcji energii elektrycznej i gospodarstwa domowe.

W latach 90. Gruzja stanęła w obliczu rynku energetycznego z 4-5 razy droższą energią pierwotną. Po tym procesie nie nastąpiły odpowiednie wyniki wzrostu cen produktów towarowych wytwarzanych przez resusługi energetyczne. Zakłady energochłonne napotkały na nieprzewidziane przeszkody, ponieważ stosowały nieefektywne energetycznie technologie. W warunkach zmodyfikowanych cen udział energii w kosztach produktów towarowych wzrósłby z 7-10% (w gospodarce planowej) do 40-60 %. Od początku transformacji gospodarczej wiadomo było już, że w gospodarce Gruzji, w tym w sektorze energetycznym, nastąpi nadzwyczajny kryzys.

Sytuacja nie została w pełni zrealizowana i nie podjęto odpowiednich działań. Te problemy energetyczne nazywano kryzysem energetycznym. Nie ma on jednak żadnych podobieństw do innych światowych kryzysów. Negatywne wydarzenia w gospodarce przechodzącej transformację objęły wszystkie dziedziny gospodarki, ale szczególnie dotknęły sektory przemysłu i gospodarstwa domowego. Wzrost cen energii na rynku zawiesił działanie większości zakładów energetycznych. System centralnego ogrzewania i zaopatrzenia w ciepłą wodę oraz infrastruktura w gospodarstwach domowych uległy drastycznemu pogorszeniu.

Tabela 1.1. Bilans energetyczny Gruzji w latach 1991-2012
(Tysiąc ton konwencjonalnych paliw - ekwiwalent ropy naftowej)

Wskaźniki	1991	1995	2000	2005	2010	2012
Produkcja	1461	580	880	972	1339	1182
między nimi:						
Energia wodna	639	460	512	522	809	624
Ropa naftowa i	214	50	126	79	58	49
towarzyszący jej gaz	278	20	7	-	106	178
Węgiel	330	50	235	371	366	331
Inne	10991	580	880	972	1339	1182
Import	1883	21	86	74	189	83
Eksport	-542	+80	-362	-484	-363	-458
Zmiana stanu zapasów						
Zaopatrzenie krajowe	11111	1560	1851	2444	2663	3217
Straty z tytułu						
konwersji energii i	2360	308	361	484	363	441
zużycie własne	8751	1252	1490	1960	2300	2776
Konsumpcja końcowa						

W okresie przejściowym (1991-1995) wytwarzanie i zużycie energii charakteryzowało się tendencją spadkową, gdzie podobnie jak w kolejnych latach (1996-2000) tendencja ta zaczęła rosnąć. W latach 1991-1995 produkcja energii zmniejszyła się 2,3-krotnie, a zużycie końcowe 7,1-krotnie. W latach 1996-2000 produkcja energii wzrosła o 51,7 % i 19 %. Tendencja spadkowa deficytu nadal się utrzymuje.

W latach 2000-2012 produkcja produktów energetycznych wzrosła o 34,34%, w tym energii wodnej - o 21,9%, węgla - 25,4%, a innych źródeł energii (drewno opałowe, nietradycyjne źródła energii itp.) - o 40,8%. Wydobycie ropy naftowej i gazu zmniejszyło się o 2,57.

Końcowe zużycie produktów energetycznych wzrosło o 86,4%. Najwyższy wskaźnik konsumpcji spada na przemysł (3,0-krotnie), transport (90,1%) i rolnictwo (73,8%). W latach 2000-2012 podaż wewnętrzna produktów energetycznych (głównie w sektorze gospodarstw domowych) w pozostałych dziedzinach wzrosła o 73,8%.

Zostało to jasno wykazane: 1. zużycie zasobów energetycznych Gruzji w okresie niepodległości Gruzji wzrosło bardziej niż produkcja energii. 2. Stopień zużycia zasobów energetycznych stopniowo poprawiał się tam, gdzie - podobnie jak w pierwszych latach okresu przejściowego - zasoby energetyczne były marnowane, co było typowe dla okresu sowieckiego.

1 Wykres - Bilans ostatnich dekad

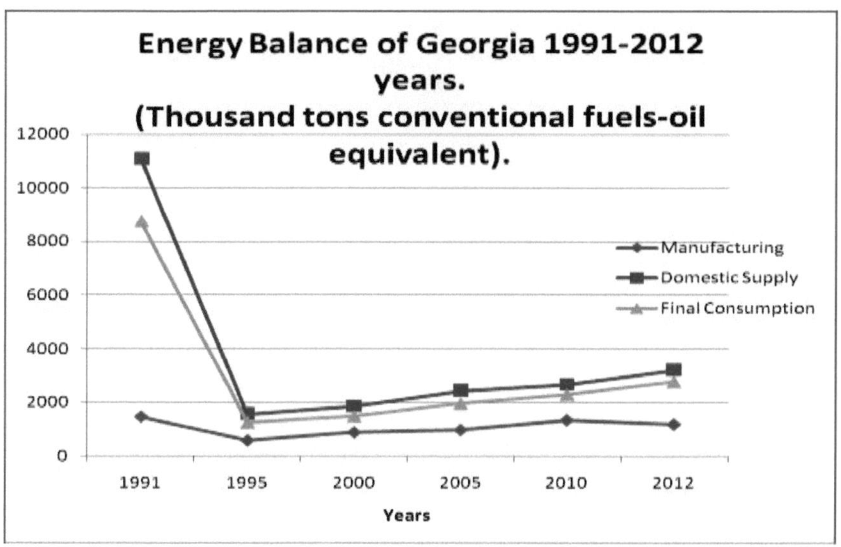

2 Wykres - Zagregowany bilans energetyczny

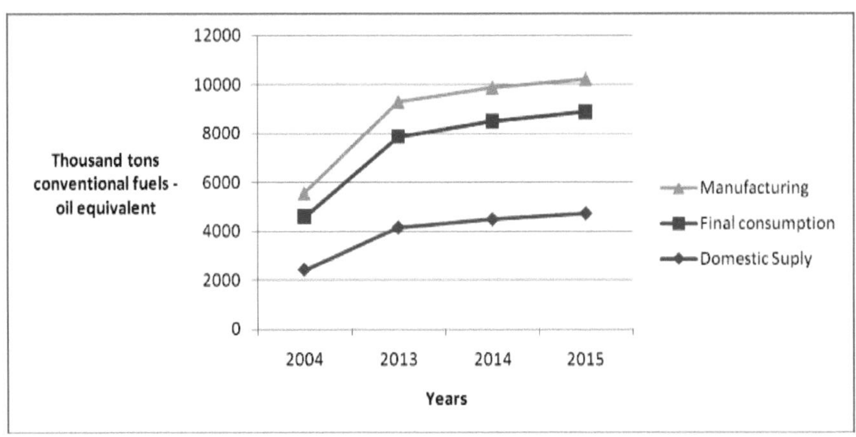

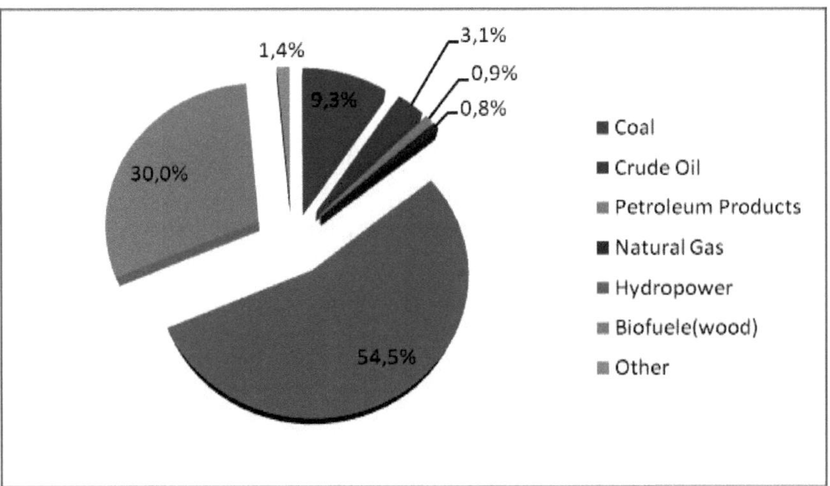

W ostatnim okresie (2013-2014) bilans energetyczny został opracowany przez Narodowy Urząd Statystyczny Gruzji.

W okresie monitorowania sektor energetyczny przeszedł znaczne zmiany ilościowe i jakościowe. W związku z tym wskaźniki wytwarzania i zużycia energii uległy poprawie. Zmiany te zostały określone przez następujące warunki.

Tempo wzrostu gospodarki kraju, konieczność zmniejszenia energochłonności, optymalizacja popytu i struktury zasobów paliw i energii;

- Stan światowych rynków gospodarczych i energetycznych. Poziom integracji Gruzji na międzynarodowym rynku energetycznym;
- Tworzenie kompleksu paliwowo-energetycznego zorientowanego na własne zasoby i rozszerzającego wykorzystanie zasobów wodnych i innych zasobów odnawialnych;
- Tworzenie korzystnego środowiska inwestycyjnego, kształtowanie kompleksu w oparciu o energię przyszłości.

Tabela 1.2. Zagregowany bilans energetyczny Gruzji w latach 2004-2014 (Tysiąc ton konwencjonalnych paliw - ekwiwalent ropy naftowej)

Wskaźniki	2004*	2013**	2014**	2015**	2016**	2017**
Produkcja	971,0	1428,7	1372,0	1330,4	1376,3	1333,6
Import	1780,0	2831,5	3229,4	3820,7	3735,1	3822,9
Eksport	- 84,0	-110,8	-121,1	-408,1	249,6	337,8
Zmiana stanu zapasów	-2,0	-3,6	-2,4	-20,8	0,6	15,7
Zaopatrzenie krajowe	2419,0	4145,8	4477,9	4722,3	4789,5	4739,6
Konwersja energii, straty i zużycie własne	246,0	419,5	455,1	547,7	446,8	450,7
Konsumpcja końcowa	2173,0	3726,3	4022,8	4174,6	4330,5	4363,6
między nimi:						
Przemysł	337,0	582,7	612,7	592,4	603,2	678,9
Budynek	38,0	71,4	40,4	21,2	23,6	31,5
Transport	491	963,1	1328,1	1449,0	1523,6	1379,8
Rolnictwo	8,0	13,7	12,1	18,7	29,6	30,8
Do celów nieenergetycznych	117,0	296,6	306,4	327	301,2	315,2
Inne	1182,0	1798,8	1723,1	1766,5	1849,3	1927,2

* Stawka autora

** Dane GeostatL

W latach 2004-2014 produkcja zasobów energetycznych wzrosła o 41,3%, a zużycie końcowe o 85,1%. Ponadto zmniejszył się udział lokalnych zasobów w dostawach brutto zasobów paliw i energii (z 40,2% do 30%). W latach 2013-2014 produkcja lokalna zmniejszyła się ze względu na ograniczenie wydobycia węgla, ropy naftowej, biopaliw i odpadów, a wzrosła ze względu na wzrost produkcji gazu ziemnego, energii wodnej, energii geotermalnej, energii słonecznej i innych (tabela 2). Ilość importowanej energii elektrycznej (o 81,4%) oraz eksportowanej (44,2%) znacznie wzrosła w ostatniej dekadzie. W 2014 roku udział importu w podaży krajowej brutto osiągnął 72,1%. Eksport energii elektrycznej z Gruzji odbywa się głównie wiosną i latem. W Gruzji prowadzony jest import ogromnych ilości gazu ziemnego i produktów biopaliwowych. Ich wielkość jest w rzeczywistości równa zużyciu tych zasobów w kraju.

W latach 2004-2014 końcowe zużycie paliw i zasobów energetycznych wzrosło o 85,1% i przekroczyło 4 mln rocznie. TOE. Wzrost konsumpcji obserwowany jest we wszystkich sektorach gospodarki: konsumpcja wzrosła w sektorze przemysłowym o 81,8%, w budownictwie o 6,3%, w transporcie o 170,5%, w rolnictwie o 51,3%, na cele nieenergetyczne o 161,9%, a w pozostałych sektorach o 45,8%. Największym konsumentem jest sektor gospodarstw domowych. 38,5% podaży brutto przypada na ten sektor w 2014 roku. Pod tym względem na drugim miejscu znajduje się sektor transportu (29,6%), za nim przemysł (13,7%), konsumenci nieenergetyczni (6,8%), budownictwo (0,9%) i rolnictwo (0,3%).

Tabela 1.3. Struktura podaży zasobów energetycznych w Gruzji w latach 2013-2014
(Tysiąc ton konwencjonalnych paliw - ekwiwalent ropy naftowej)

Zasoby energetyczne	Produkcja				
	2013	2014	2015	2016	2017
Węgiel	168,0	121,5	124,2	120,4	108,9
Ropa naftowa	48,6	43,3	40,8	39,3	32,5
Produkty naftowe	–	–	11,6	–	–
Gaz ziemny	4,4	8,6	9,5	5,5	7,1
Energia wodna	711,2	716,7	726,9	802,2	792,0
Energia geotermalna, słoneczna i inna	15,4	16,8	18,5	21,2	28,3
Biopaliwo i odpady	481,1	465,0	399,9	387,9	365,0
Razem	1428,7	1372,0	1330,4	1376,3	1333,6

Bilans energii elektrycznej

Bilans energetyczny jest główną częścią bilansu energetycznego. Poziom rozwoju sił przemysłowych, wykorzystanie ich możliwości i siły w naszym kraju znajduje swoje centralne odzwierciedlenie w bilansie energetycznym. Poziom wytwarzania i zużycia energii elektrycznej, a jednocześnie poziom życia są wskaźnikami rozwoju społeczno-gospodarczego całego kraju i bezpieczeństwa.

W ostatniej dekadzie struktura zużycia zasobów energetycznych uległa znacznej zmianie. Zapotrzebowanie kraju na prawie wszystkie rodzaje energii jest generalnie zaspokajane przez import. Nie dotyczy to jednak energii elektrycznej. W tym analizowanym okresie, zwłaszcza w ostatnich latach, nie występują niedobory w bilansie energetycznym. Kraj eksportuje pewną ilość energii elektrycznej. W latach 2005-2015 eksport energii elektrycznej wzrósł 5,4-krotnie, a import zmniejszył się o połowę. Jeśli chodzi o wytwarzanie i zużycie energii elektrycznej, to w tych latach pierwszy z nich wzrósł o 57,4%, a drugi o 35,4%. Główna część produkcji energii elektrycznej (78%, 2015) pochodzi z elektrowni wodnych, podczas gdy możliwości techniczne bogatych zasobów wodnych naszego kraju są w tym roku wykorzystywane jedynie w 12,3%.

Obecnie w sektorze działają 23 stosunkowo duże i średnie elektrownie oraz dziesiątki małych elektrowni, w tym 4 elektrownie cieplne. Moc zainstalowana dla wszystkich z nich stanowi 3718,1 mln kWh do [1] stycznia 2016 roku, a łączna ilość wytworzonej energii wynosi 10832,6 mln kWh. Generacja przekroczyła zużycie o 210,7 mln kWh w 2015 roku.

Tabela 1.4. Bilans energetyczny Gruzji w latach 2005-2015 (mln kvt, godzina)

Wskaźniki	2005	2015	2015 % w porównaniu z 2005 r.
1. Produkcja	6880,0	10832,6	157,4
Wśród nich			
H E Hess	5850,2	8453,9	144,5
Tess	1030,6	2378,7	240,8
2. Łączny przywóz między nimi	1398,6	699,2	50,0
Z Rosji	615,7	511,0	83,0
Armenia	752,9	86,5	11,5
Turcja	9,3	_	_
Azerbejdżan	20,7	101,7	491,3
3. Całkowity eksport między nimi	121,8	659,9	541,8

Rosja	_	169,6	_
Armenia	_	70,8	_
Turcja	121,8	419,5	344,4
Azerbejdżan	–	–	–
4. Straty	314,8	250,0	79,4
5. Konsumpcja	7842,8	10621,9	135,4
Saldo (+, _)	_ 962,0	+ 210,7	_

Tabela 1.5. Porównanie indeksów energetycznych Gruzji i niektórych krajów

Świat, kraje	2005 Rok	2011 Rok
Świat		
1	0,32	0,25
11	1,78	1,88
111	2596	2933
USA		
1	0,21	0,17
11	7,89	7,02
111	13640	13227
Anglia		
1	0,14	0,08
11	3,88	3,0
111	6254	5518
Gruzja		
1	0,24	0,40
11	0,74	0,79
111	1672	1917

1- Konkretne wydatki na energię, 1 dolar amerykański na wspólny międzyprodukt, kg względnego paliwa;

11 - Zużycie energii na jedną duszę ludności, tonę względnego paliwa;

111 - Zużycie energii elektrycznej na jedną duszę ludności, kvt/godzinę.

Wskaźniki energetyczne Gruzji opóźniają nie tylko rozwój, ale także kraje rozwijające się i formalne republiki radzieckie. Dla przykładu, w porównaniu z Gruzją na jednej duszy ludności w Rosji zużywa się 3,4 razy więcej energii, Ukrainą - 1,9, Kazachstanem - 2,6, Turkmenistanem - 1,3 itd.

Wniosek

Wskaźnik elektryfikacji jest znacznie niższy w porównaniu z podobnymi parametrami w krajach rozwiniętych. Produkcja i zużycie energii elektrycznej stanowi 2900 kWh na osobę, podczas gdy w Wielkiej Brytanii wskaźnik produkcji i zużycia wynosi 5600 kWh, w Niemczech - 7100 kWh, w Japonii - 7900 kWh itd. Sytuacja jest podobna we wszystkich segmentach sektora energetycznego. Należy zwłaszcza zauważyć, że pomimo poważnego deficytu, energochłonność i energochłonność produktu krajowego brutto (PKB) w Gruzji jest wyższa niż w innych krajach. W 2011 roku energochłonność w Gruzji wynosiła 0,40 kgoe, w USA - 0,17 kgoe, na świecie - 0,25 kgoe (średnio), natomiast energochłonność w Gruzji wynosiła - 0,97 kWh, w USA - 0,31 kWh, na świecie - 0,39 kWh (średnio).

Wszystko to wskazuje na to, że zmniejszenie energochłonności PKB jest ważną rezerwą dla poprawy bilansu energetycznego. Ma to na celu zwiększenie wydobycia ropy naftowej i gazu ziemnego. Gruzja ma zdolność do zwiększenia wydobycia tych zasobów. Jeszcze w ubiegłym stuleciu, w latach 90-tych Gruzja wydobywała rocznie 3 miliony. Ton ropy naftowej. Jeszcze wcześniej, w latach 60-tych, podczas wierceń poszukiwawczych nastąpił silny, silny przepływ gazu ziemnego. Firma "Canargo" potwierdziła obecność ogromnych rezerw gazu ziemnego na terenie kraju. Należy wspomnieć o istniejących zasobach węgla. Tylko Gruzja posiada znaczące zasoby węgla w regionie Południowego Kaukazu. Jeszcze w 1958 r. jego wydobycie stanowiło około 3 mln. Ton.

Poprawa bilansu energetycznego jest dobrą okazją do zwiększenia wykorzystania zasobów energii wodnej. Wystarczy powiedzieć, że według danych tylko jedna trzecia tych ekonomicznie uzasadnionych zasobów jest wykorzystywana w 2015 roku. W tym kierunku został już z powodzeniem zrealizowany program na dużą skalę, mający na celu poprawę wykorzystania potencjału energii wodnej. Według planu zatwierdzonego przez rząd, produkcja energii elektrycznej w elektrowniach wodnych po dziesięciu latach wyniesie 28,2 mln kWh (2016 r.), które w pełni zaspokoją zapotrzebowanie w kraju, a 9,1 mln kWh powinno być eksportowane.

Gruzja jest osiągalna dzięki potencjałowi energii wodnej. Jest to bardzo ważne dla kraju, a zwłaszcza dla rolnictwa.

Opóźnienie w parametrach zgazowania i elektryfikacji

Energetyka jest najważniejszą podstawą rozwoju każdego kraju, podczas gdy poziom i dynamika zużycia i produkcji energii na mieszkańca jest tak samo obiektywnym i adekwatnym parametrem charakteryzującym rozwój gospodarczy jak Produkt Narodowy Brutto.

Energetyka odgrywa wiodącą rolę w gospodarce, ponieważ każdy proces produkcyjny we wszystkich dziedzinach przemysłu, rolnictwa, transportu, wszystkich obszarach obsługi ludności i tak dalej, wiąże się z coraz większym zużyciem energii. Urządzenia energetyczne stanowią podstawową bazę materialną dla wzrostu wydajności pracy socjalnej. Poziom rozwoju energetyki w znacznym stopniu wpływa na postępy w dynamice i organizacji produkcji przemysłowej w całym kraju. Stwarza ona niezbędne warunki wstępne do podniesienia poziomu życia i poprawy warunków pracy. Jest to również grunt dla rozwoju wszystkich dziedzin, w tym również rolnictwa.

Elektryfikacja

Powszechnie wiadomo, że elektryfikacja stanowi najważniejszy wskaźnik bezpieczeństwa energetycznego; oznacza ona wprowadzenie energii elektrycznej do krajowego rolnictwa i obszarów mieszkalnych na terenie całego kraju. Integralnym wskaźnikiem elektryfikacji jest wytwarzanie i zużycie energii elektrycznej na mieszkańca. Koncentruje się on na rozwoju sił produkcyjnych w danym kraju, wykorzystaniu jego zdolności i siły. Poziom produkcji energii elektrycznej - poziom zużycia jest jednocześnie wskaźnikiem poziomu **jakości życia ludzi**, rozwoju społeczno-gospodarczego i bezpieczeństwa całego kraju.

Pierwsza elektrownia w Gruzji została zbudowana w 1887 roku przez Ilię Chavchavadze (wybitnego pisarza gruzińskiego i osobę publiczną) w Tbilisi. Produkcja energii elektrycznej stopniowo rosła i w 1913 r. osiągnęła poziom 20 milionów kWh. Wskaźnik ten osiągnął najwyższe tempo w historii Gruzji w 1989 r., podczas gdy w okresie transformacji gospodarki rynkowej został obniżony o połowę. Od 2010 roku nastąpił pewien wzrost. W związku z tym zmieniał się wskaźnik elektryfikacji kraju - wytwarzanie energii elektrycznej - zużycie na osobę.

Tabela 1.6. Poziom i dynamika elektryfikacji w Gruzji w latach 1913-2016

Lata	Produkcja energii elektrycznej, mln kWh	Zużycie energii elektrycznej na osobę kilowat
1913	20	10,0
1940	7417	205,3
1960	3916	948,4
1980	13984	2765,5

1989	15825	3330,0
2000	7446	1769,2
2010	9919	1902,9
2015	10593	2790,5
2016	11365	2966,5

Zużycie energii elektrycznej przekroczyło trzy tysiące na osobę w 1989 roku, a pod koniec wieku spadło do 1769,2 kWh. Do 2016 roku liczba ta wynosiła 2966,5 kWh.

Wizerunek elektryfikacji wsi jest taki sam w całym kraju. Pozwoliło nam to pełniej wykorzystać wiejskie zasoby naturalne, siły wytwórcze, a także wdrożyć osiągnięcia postępu naukowo-technicznego, zapewnić skuteczny rozwój społeczno-gospodarczy i lepsze warunki życia ludności.

W drugiej połowie ubiegłego stulecia pomyślnie przebiegła elektryfikacja wsi. W szczególności zużycie energii elektrycznej na osobę w ludności wiejskiej przedstawiało się następująco:

Tabela 1.7. Wskaźniki elektryfikacji dla rolnictwa 1960-1990

Wskaźnik	1960	1970	1980	1990
kWh	73,2	178,7	459,3	871,5

Dlatego też w 1990 r. mieszkańcy obszarów wiejskich zużyli średnio 871,5 kWh energii elektrycznej, co było 11,9 razy większe niż wskaźnik z 1960 r. Ten sam obraz elektryfikacji dotyczył pracy i życia w rolnictwie.

W szczególności, na początku 1980 roku, siła robocza w sowieckim rolnictwie Gruzji liczyła 910 kWh, a u rolników - 415 kWh. Zużycie energii elektrycznej w gospodarstwie domowym i sferze usługowej na mieszkańca wynosiło średnio 115,2 kWh.

Tabela 1.8. Ostateczne wykorzystanie całkowitych zasobów energetycznych w gruzińskim rolnictwie, leśnictwie i rybołówstwie w latach 2013-2016. Równoważnik 1000 ton ropy naftowej

Rok	Konsumpcja końcowa w kraju, ogółem	rolnictwo, leśnictwo i rybołówstwo	% dla całkowitej konsumpcji
2013	3726,3	13,7	0,367
2014	4022,8	12,1	0,301
2015	4174,6	18,7	0,448
2016	4330,5	29,6	0,683

W ten sposób siła robocza przemysłu radzieckiego była dwa razy większa niż w gospodarstwach rolnych. Oba charakteryzowały się tendencją wzrostową. Poprawiał się wskaźnik zużycia energii elektrycznej na mieszkańca w gospodarstwach domowych i usługach. Jednak wszystkie powyższe parametry były niższe niż w przemyśle i w mieście. Przykładowo, produkcja energii elektrycznej w przemyśle wyniosła 20242 kWh, czyli 22,2 razy więcej niż w gospodarstwach radzieckich i 48,7 razy więcej niż w gospodarstwach rolnych, podczas gdy zużycie energii elektrycznej w gospodarstwach domowych i sferze usługowej na jednego mieszkańca wyniosło 636,2 kW. H, czyli 5,5 razy więcej niż w wiosce. Warto zauważyć, że te same wskaźniki elektryfikacji Gruzji były nawet zauważalnie niższe, w porównaniu z przeciętnymi unionistami.

W okresie przechodzenia do gospodarki rynkowej wskaźniki elektryfikacji uległy znacznemu pogorszeniu w całym kraju, a także na obszarach wiejskich. W szczególności, według danych Geostat, w 2015 r. tylko 42 kWh energii zostało wydane na rolnictwo, leśnictwo i rybołówstwo w Gruzji, co jest znacznie (70,6) niższe niż podobny wskaźnik w kraju.

Zgazowanie

Zgazowanie oznacza jednolitość w zakresie utrzymania i wdrażania rozwiązań technicznych i projektowych, prac budowlanych i remontowych oraz działań organizacyjnych, które mają na celu przeniesienie obiektów mieszkalnych i komunalnych na zużycie gazu jako paliwa i źródła energii w całym kraju.

Prace gazyfikacyjne w Gruzji rozpoczęły się w 1956 roku. Pod koniec 1959 r. Tbilisi otrzymało gaz z Republiki Azerbejdżanu. Roczna przepustowość głównego gazociągu wyniosła 1,8 mld ^{m3} , która w wyniku przebudowy osiągnęła 4,6 ^{m3}. Od samego początku bardzo szybko rozwijała się gazyfikacja kraju, dzięki czemu zarówno przepustowość istniejącego gazociągu, jak i zasoby gazu stały się niewystarczające. Konieczne było znalezienie nowych źródeł. Gazociąg Vladikavkaz-Tbilisi został zbudowany i oddany do eksploatacji od 1963 roku. W latach 1970-1978 Gruzja dostarczała gaz także z Iranu. Od listopada 1978 roku dostawy gazu do Gruzji z Iranu zostały przejęte w związku z rozwojem sytuacji politycznej w tym kraju i konieczna była odbudowa gazociągu Vladikavkaz-Tbilisi, który rozpoczął się w 1985 roku, a zakończył w 1991 roku. Roczna przepustowość gazociągu osiągnęła 20 mld ^{m3} , dzięki czemu kraje Południowego Kaukazu, w tym Gruzja, przeniosły się do odbioru gazu z Turkmenistanu. W tym okresie Gruzja była jednym z wiodących krajów pod względem poziomu zgazowania. Zgazowano 48 miast i 230 wsi, do 600 tys. mieszkań, do 800 zakładów przemysłowych i rolniczych,

1500 kotłów cieplnych, 2 tys. mieszkań i obiektów komunalnych. Wybudowano 10 tys. km gazociągu, w tym 2 tys. km gazociągu głównego i 8 tys. km sieci dystrybucyjnej.

W 1989 roku zużycie gazu w Gruzji przekroczyło 6 mld ^{m3} i stanowiło 60% bilansu paliwowego kraju. Gaz ziemny został udostępniony prawie w każdym regionie kraju (z wyjątkiem górskich Svaneti i Achara). W 1990 roku zużycie gazu ziemnego w Gruzji osiągnęło swoje maksimum - 6046 mln $^{m3.}$ W tym czasie w kraju zgazowano 576,5 tys. mieszkań, a długość gazociągów wynosiła 4802,8 km. W 1990 roku zużycie gazu w kraju stopniowo spadało i do roku 2000 spadło do 1094 mln ^{m3} , czyli 5,5-krotnie w stosunku do 1990 roku.

Tabela 1.9. Wartości zgazowania Gruzji w latach 1990-2000 (do końca roku)

Rok	Ilość mieszkań zgazowanych (w tys.)	Długość gazociągu (km)	Zużycie gazu ziemnego (mln ^{m3})	Włącznie z rolnictwem
1990	576,5	4802,8	6046,0	180
1991	579,8	4937,8	4577,1	176
1992	587,2	4962,1	4633,7	49,6
1993	587,2	5158,4	3343,7	-
1994	587,4	5158,4	2595,2	-
1995	587,4	5158,4	910,5	-
1996	587,4	5151,9	947,0	12,4
1997	587,4	5151,9	830,0	13,6
1998	587,4	5151,9	846,0	14,9
1999	587,4	5151,9	1022,0	23,5
2000	587,4	5151,9	1094,0	26

Dobrze znany rozwój sytuacji w ostatnich latach miał bardzo negatywny wpływ na elektrownie gazowe. Dostawy gazu w kraju wstrzymały się na długi czas, gaz nie był dostarczany do Tbilisi, a także do całej Gruzji (z wyjątkiem regionu Rustavi i Kazbegi) przez cały 1995 i pierwszą połowę 1996 roku.

W tym okresie poziom zgazowania w Gruzji nie mógł zostać poprawiony ze względu na następujące kwestie:

- Ciężka sytuacja finansowa. Nie działały żadne przedsiębiorstwa przemysłowe, w związku z czym gospodarstwa gazowe, w warunkach braku płatności i niskiego zużycia, miały bardzo niskie przychody. Nie było ani jednego gospodarstwa gazowego, które nie miało żadnych długów (od kilku tysięcy do milionów GEL);

  Ze względu na niewielką ilość sprzedanego gazu, koszt gazu był wysoki, ponieważ tylko niewielka część sieci funkcjonowała, jednak amortyzacja i inne podatki były w pełni naliczane;
- Fizyczne straty gazu były wysokie, a jego procentowy udział był wysoki. Nadmierne zużycie gazu przez mieszkańców (straty handlowe) zostało dodane do strat spowodowanych problemami technicznymi w okresie niemetrowym, szczególnie w zimie;
- Pewna część mieszkańców nie miała pieniędzy na instalację gazomierzy (około 100 USD);
- Nie można było sporządzić biznesplanów, co utrudniało przyciągnięcie inwestorów.

Również w następnych latach dostawy gazu do Gruzji były niestabilne. Zmniejszyłaby się ona nawet w ciągu kilku lat (patrz tabela 1.10. poniżej).

Tabela 1.10. Dostawy gazu ziemnego w Gruzji w latach 2000-2016

Rok	Milion m3	Rok	Milion m3	Rok	Milion m3
2000	1094	2006	1860	2012	1933
2001	880	2007	1684	2013	1907
2002	700	2008	1450	2014	2197
2003	1011	2009	1200	2015	2416
2004	1231	2010	1094	2016	2261
2005	1440	2011	1750	2017	2300

Do niedawna gazyfikacja wsi na wsi była prowadzona powoli. Obecnie proces ten jest dość intensywny. Głównym źródłem gazu ziemnego dla Gruzji jest obecnie Azerbejdżan. Jak dotąd produkcja lokalna jest nadal nieznaczna - tylko 0,3% całkowitej konsumpcji. Zarówno na wsiach, jak i w miastach zużycie gazu ziemnego wzrasta w sektorze gospodarstw domowych. Na koniec 2016 roku liczba konsumentów tego źródła energii przekroczyła milion (1055600), z czego 96,7% przypada na gospodarstwa domowe. Znaczący udział w tej liczbie przypada na mieszkańców wsi. W 2016 roku średnia ilość gazu ziemnego zużytego przez jednego konsumenta w gospodarstwie domowym wyniosła 773 ^{m3}. Wartość ta jest o 4,5% większa od wartości odnotowanej w 2014 roku. Wzrost ten obserwowany jest również w Tbilisi, a dla gospodarstw domowych w pozostałej części Gruzji stały wzrost wolumenu gazu ziemnego zużywanego przez indywidualnego abonenta wskazuje na wzrost roli gazu ziemnego w sektorze gospodarstw domowych. W środowisku, w którym coraz trudniej jest pozyskać drewno w kraju, a jego ceny odpowiednio rosną, gaz ziemny jest najbardziej dostępnym (finansowo i pod względem dostępu do energii) źródłem energii w środowisku masowej gazyfikacji gruzińskich wsi.

Według zagregowanego bilansu energetycznego Gruzji, zużycie gazu ziemnego w rolnictwie, leśnictwie i rybołówstwie wyniosło 8,8 tys. ton paliw konwencjonalnych w 2016 roku, co jest 2,5 razy większe niż ten sam wskaźnik w 2015 roku. Obecnie w tej dziedzinie całkowity koszt gazu ziemnego w kraju wynosi 0,656% (w 2015 r. - 0,256%).

Wniosek

Rozwój energetyki w Gruzji charakteryzuje się nieustającymi sukcesami. W ciągu ostatnich 100 lat (1913-2016) produkcja energii elektrycznej wzrosła 568,3 razy, a zużycie gazu ziemnego wzrosło 5,0 razy od momentu jego asymilacji do chwili obecnej (1960-2016). Warto zauważyć, że w 1989 roku osiągnięto maksimum dla obu z nich. W porównaniu z poziomem z roku 2016 było to ponad 39,2% w produkcji energii elektrycznej i 2,7 razy więcej w zużyciu gazu ziemnego. Mniej więcej taka sama tendencja występuje w poszczególnych sektorach w zakresie wykorzystania tych źródeł energii, w tym w rolnictwie, które tradycyjnie charakteryzuje się urządzeniami małej mocy.

Analiza pokazuje, że w celu poprawy sytuacji w przyszłości konieczne jest uwzględnienie charakterystycznej specyfiki obu dziedzin (energia i rolnictwo). Aby energia mogła pomyślnie funkcjonować, konieczne jest intensywne i ciągłe finansowanie w celu utrzymania zdolności do funkcjonowania, a jednocześnie osiągnięcia postępu zgodnie z makroekonomicznymi wymogami środowiskowymi. Konieczne jest przyciągnięcie znacznej liczby dodatkowych inwestycji. Wynika to ze wspólnego oddziaływania innych obiektywnych czynników (wymagania ekologiczne, zapotrzebowanie na droższe zasoby energii itp.), w pierwszej kolejności wzrasta kapitalizacja sektora i ogólne znaczenie.

Należy również wziąć pod uwagę specyfikę elektryfikacji i gazyfikacji gruzińskiego rolnictwa. Przede wszystkim założyliśmy tutaj górską rzeźbę terenu, klimat, sezonowość, istnienie małych osiedli z dala od centrum, wciąż wysoko wykwalifikowaną siłę roboczą, wciąż wysoki udział pracy fizycznej i tak dalej.

Wysoka efektywność energetyczna

Niewątpliwie od dawna prawdą jest, że bez reżimu gospodarczego społeczeństwo nie będzie w stanie kontrolować swoich ograniczonych zasobów. Gospodarka jest zasadniczym warunkiem prowadzenia działalności gospodarczej w rolnictwie. Można to osiągnąć poprzez redukcję strat, wykorzystanie technologii oszczędzania zasobów, wysoką organizację pracy itp.

Problem ten jest wyraźnie aktualny w kontekście wykorzystania zasobów energetycznych. Jest to szczególnie istotne dla tych krajów, które mają niedobór tych zasobów. Georgia jest wśród nich. Nasz kraj pozyskuje najwięcej zasobów energetycznych (około 70%) z krajów zewnętrznych w celu zapewnienia własnej gospodarki. Jest to głównie cała ilość zużywanego gazu ziemnego, ropy naftowej i produktów ropopochodnych, a w okresie jesienno-zimowym znaczna część energii elektrycznej. Transfery na duże odległości, mimo że są racjonalne, stanowią obciążenie dla każdego przedsiębiorstwa i dla całej gospodarki kraju. Na przykład w 2016 r. lokalna wydajność energetyczna wynosiła 1376,3 tonowego ogrzewania warunkowego, a całkowita ilość zużytej energii 4330,5 tonowego ogrzewania warunkowego. Oznacza to, że energia produkowana przez Gruzję stanowi 31,7% całkowitej ilości zużywanej energii.

Wydłużona, intensywna reprodukcyjnie forma jest organicznym charakterem systemu gospodarczego społeczeństwa. Stanowi to obiektywny warunek racjonalnego i efektywnego wykorzystania zasobów, w celu osiągnięcia lepszych wyników końcowych.

Wiadomo, że z intensywnego czynnika wzrostu gospodarczego kraju najważniejszy jest wzrost wydajności pracy społeczeństwa. Jego rola w każdej dziedzinie rozwoju życia jest niezmierna w poprawie stanu materialnego i kulturowego członków społeczeństwa. Stanowi on niewątpliwie główne źródło wzrostu całego produktu wewnętrznego (GPD) i stwarza dużą szansę na zwiększenie poziomu życia, skrócenie czasu pracy, a także wydłużenie czasu wolnego.

Ale czy to wystarczy, czy też nie dla pomyślnej realizacji intensywnego przebiegu wzrostu gospodarczego kraju tylko poprzez osiągnięcie wysokiego tempa wzrostu wydajności pracy, nawet jeśli cały dodatek produktu w terenie odbywa się kosztem zwiększenia wydajności pracy? Naszym zdaniem, odpowiedź na to pytanie nie może być jednostronnie pozytywna. W szczególności, w celu oceny poziomu intensyfikacji produkcji, należy również uwzględnić wykorzystanie innych zasobów.

Oczywistym tego przykładem było rolnictwo byłego ZSRR, przemysł węglowy, wydobycie torfu itp. Wiadomo, że w tych dziedzinach cały zysk został osiągnięty dzięki wzrostowi wydajności pracy. Ale stwierdzenie, że pola te zostały całkowicie przekształcone w intensywną formę rozwoju w tamtym czasie, nie byłoby właściwe. Koszt własny jednostki produkcyjnej w latach 1961-1980 wzrósł o 30%, a niektóre pola pracowały ze stratami.

Ton Warunkowy ekwiwalent oleju opałowego

Dla przykładu: w 1980 r. poziom wspólnej rentowności w przemyśle węglowym wynosił minus 7,5%. W ciągu 10 lat wpływy fundacji zmniejszyły się o 41%.

Zwiększono nakłady na jednostkę produktową najważniejszych rodzajów zasobów materialnych. Tylko w 1980 r. pole zużyło ponad 71,5 mln KW/H energii elektrycznej w porównaniu z planowanym wskaźnikiem, itp.

Na podstawie powyższego staje się jasne, że wielkość udziału wydajności pracy we wzroście produkcji nie może być jedynym i wyczerpującym wskaźnikiem pozwalającym na ocenę rozległych i intensywnych form wzrostu gospodarczego. Oczywiste jest, że dla gospodarki nie może być bez znaczenia, w jaki sposób wykorzystywane są wszystkie inne zasoby, a przede wszystkim jest to ciepło-energia.

Znaczenie gospodarki zasobami energetycznymi jest w naszym kraju szczególnie duże. Tak było przedtem i teraz. Jednak jego rola jest dziś znacznie większa.

Praca społeczna Wydajność, efektywność energetyczna i życzliwość

Analiza wykazała, że w okresie sowieckim, na poziomie rozwoju tego czasu w warunkach Gruzji, gospodarka zasobami energetycznymi była w niektórych dziedzinach ważniejsza niż wzrost wydajności pracy: w szczególności, każdy procent gospodarki zasobami energetycznymi w porównaniu ze wzrostem wydajności pracy w ten sam sposób dawał 1,3 razy większy efekt w czarnym hutnictwie. Obliczenia wykazały, że w 1988 roku produkty netto w wysokości 815 000 rubli można było uzyskać dzięki wzrostowi wydajności pracy o 1% w tej dziedzinie, jednak w warunkach oszczędności 1% wolumenu energii elektrycznej zaoszczędzono 106 900 rubli, czyli o 31,2% więcej.

Znaczenie gospodarki sprzyjającej integracji energetycznej wzrosło jeszcze bardziej w latach niepodległości Gruzji. Sprzyjały temu warunki, w jakich gospodarka kraju uzależniała się głównie od importu surowców energetycznych. W 2000 r. w przemyśle Gruzji zmniejszenie wielkości produkcji energii elektrycznej o 1% było warte 18,5 tys. kosztów produkcji GEL. Gdy wzrost wydajności pracy o ten sam poziom oznaczałby powiększenie GEL o 10.500 produktu.

GEL Waluta krajowa 1US Dolar = GEL 2,45 (maj 2018 r.)

Niektóre dane makroekonomiczne dotyczące Gruzji w ciągu ostatnich 4 lat to tabela 1.10; poniższe obliczenia (Tabela 1.10.) i główne wnioski w artykule są na nich oparte. Dane z Tabeli 1.10. pokazują, że we wspomnianym okresie produkcja produktu krajowego brutto (PKB) wzrosła o 26,7%, a końcowa konsumpcja zasobów energetycznych o 16,2%. Wielkość produkcji energii w PKB wzrosła o (23,8%), a liczba zatrudnionych w gospodarce o (30%). W związku z tym zmniejszono wywóz i przywóz produktów energetycznych.

Przeprowadzona analiza wykazała, że produkcja PKB na jednego pracownika (produktywność pracy socjalnej) w Gruzji w latach 2013-2016 wzrosła o 23%. A wolumen energii we wskaźnikach naturalnych został zmniejszony o 8,6% we wskaźniku kosztów o 10,2%. Warto wspomnieć, że w latach niepodległości Gruzji, a więc od 1991 do 2013 roku, bilans paliwowo-energetyczny nie był w ogóle rozwinięty dla całego kraju. Pierwsza została wykonana w 2013 roku.

Tabela 1.11. Niektóre wskaźniki mikroekonomiczne dotyczące Gruzji w latach 2013-2016

Wskaźniki	Pomiar	Lata				W 2016 r. o % do 2013 r.
	Jednostka	2013	2014	2015	2016	
Produkt krajowy brutto (PKB) w cenach stałych do 2010 r.	Milion GEL	26847.4	29150.5	31755.6	34028.5	126.7
Ostatnie wykorzystanie zasobów energetycznych	Ogrzewanie warunkowe 1000 tonowe	3726.3	4022.8	4174.6	4330.5	116.2
Liczba ludności	1000 osób	4483.3	4490.5	3713.2	3720.4	83
Zatrudnieni wśród nich	1000 osób	1712.1	1745.2	1779.9	1763.9	103
Wielkość nośnika energii w PKB	Milion GEL	1075.6	1158.5	1147	1332	123.8
Przywóz produktów energetycznych	Milion USD	1291.5	1127.1	1172.9	975.4	75.5
Eksport nośników energii	Milion USD	65.9	3.1	129.8	62.3	94.5

Tabela 1.12. Porównanie znaczenia społecznej wydajności pracy i wielkości produkcji energii w gospodarce Gruzji

Wskaźniki	Pomiar	Lata				W 2016 r. o % do 2013 r.
	Jednostka	2013	2014	2015	2016	
Produkcja PKB na 1 pracownika	GEL	15681	16703	17841	19292	123
Objętość energetyczna PKB we wskaźnikach naturalnych	Kg. conditional/ heating GEL	0.139	0.138	0.131	0.127	91.4
Wielkość energii w PKB w nieocenionych wskaźnikach	GEL	0.118	0.109	0.108	0.106	89.8
Znaczenie 1 w PKB a) Wzrost wydajności pracy	Milion GEL	267	290	256	429	160.6
b) Zmniejszenie objętości energii	Milion GEL	208	313	301	400	192.3

Proste obliczenie potwierdziło, że powyższy wniosek dotyczący roli redukcji objętości energii w realnym wzroście PKB jest nadal aktualny. W szczególności, w ciągu 4 lat badań spadek wolumenu energii o 1% zwiększa PKB o tę samą kwotę, a w niektórych latach nawet o więcej niż wzrost wydajności pracy.

Znaczenie gospodarki zasobów energetycznych jako źródła wzrostu gospodarczego kraju, jak już zostało powiedziane, rośnie coraz bardziej w zależności od skali produkcji i jej intensyfikacji. Jego wpływ jest szczególnie duży w warunkach rozwoju relacji rynkowych.

Oszczędność energii zmniejsza zapotrzebowanie, jak i dla siebie samego, na niezbędne wydatki związane z obsługą pól. Jednocześnie pozwala nam to na ograniczenie inwestycji finansowych na produkcję wydobycia surowców i niezbędnych urządzeń dla przemysłu wydobywczego. Zaoszczędzone wydatki mogą być wykorzystane na rozwój produkcji materiałów eksploatacyjnych i obszaru obsługi ludności, na poprawę poziomu życia mieszkańców.

Zwiększenie produkcji energii czy efektywności energetycznej?

Wiadomo, że przewodzenie zasobów cieplno-energetycznych, jak również ich wydobycie, wymaga szczególnych nakładów. W związku z tym pojawia się pytanie: czy lepiej dbać o zwiększenie produkcji zasobów energetycznych, niż o jej gospodarkę?

Jest oczywiste, że rozszerzony proces rozrodczy wymaga stworzenia nowych mocy energetycznych. Odpowiedź nie może być jednak w tym przypadku szczególnie pozytywna. Po pierwsze, nawet jeśli dostawy zasobów energii cieplnej nie są ograniczone, wspomniana opinia nie jest uzasadniona z punktu widzenia gospodarki. Badania pokazują, że środki stosowane w gospodarce zasobami cieplno-energetycznymi dają nam dość skuteczny rezultat. Dzięki niewielkim wydatkom możliwe staje się zaoszczędzenie sporej ilości zasobów energii cieplnej, a wydobycie jej równoważnej ilości wymagałoby znacznie większych nakładów. Udowodniono, że w porównaniu z poborem równoważnej ilości ciepła i wydatkami na produkcję energii w celu oszczędzania zasobów cieplno-energetycznych, prowadzenie działań na dużą skalę wymaga średnio 2-3 razy mniej pieniędzy.

Po drugie, praktyka pokazuje nam, że zwiększenie zasobów energii cieplnej nie tylko zmniejsza, ale wręcz przeciwnie, pogłębia deficyt tych zasobów, jak również innych zasobów. Jak już wspomniano, jest to spowodowane okolicznościami, w których przemysł wydobywczy jest dziedziną bardziej kapitałochłonną, bardziej pojemną finansowo i pracowicie, a do jego rozwoju niezbędna jest znaczna liczba maszyn i urządzeń, materiałów i energii. Zapotrzebowanie gospodarki na te zasoby gwałtownie wzrasta, a ich zaspokojenie tylko w sposób ekstensywny jest nie tylko skuteczne, ale i niemożliwe.

Ekonomiczne i racjonalne wykorzystanie zasobów energetycznych ma dla naszego kraju szczególnie duże znaczenie. Wystarczy powiedzieć, że niektóre rodzaje skamieniałości (węgiel itp.) znaczna część zasobów grzewczo-energetycznych (ropa naftowa, gaz ziemny, produkty naftowe), drewno itp. są importowane do Gruzji z dużych odległości od krajów zewnętrznych. Ponadto, jego wydatki na import są dość wysokie. A straty na transporcie są również wysokie [17].

W niedalekiej przeszłości Gruzji (90.) zużycie zasobów cieplno-energetycznych, 2,180 mln KW/H energii elektrycznej zostało zaoszczędzone przez 1% gospodarki: ponad 20 ton ciepła warunkowego ilość węgla: do 52 tys. gazu i prawie tyle samo czarnej ropy: 200 tys. giga kalorii na ogrzewaniu energii. Korzystając z wymienionych zasobów, można by je przygotować: 600 milionów jednostek czerwonej cegły, czyli znacznie więcej niż Georgia wyprodukowała w całości, czyli 1,5 miliona ton chleba i wyrobów piekarniczych. Wskazana ilość energii elektrycznej wystarczyła na przygotowanie 250 tys. sztuk papieru lub 1,3 mln ton cementu, 4 mln sztuk cegieł silikatowych, 200 mln par butów lub 1,8 mln ton kiełbas itp.

Racjonalne wykorzystanie zasobów energetycznych ma również duże znaczenie gospodarcze i społeczne w życiu. Ich sensowne i prawidłowe wykorzystanie zmniejsza straty w rolnictwie domowym i jest znaczącym źródłem poprawy poziomu życia w gospodarstwie domowym. Oszczędność i ekonomia w codziennym życiu to dobry dodatkowy dochód, nie tylko dla budżetu rodziny, ale także dla całego społeczeństwa. Obecnie w sektorze gospodarstw domowych w Gruzji rocznie zużywane jest około 1,6 biliona KW/H energii elektrycznej. Jest to 40 razy więcej energii niż ilość, którą zużywają nasze duże elektrownie wodne: Khram HPP, Shaor HPP i Jinval HPP mogą produkować razem. 15 milionów KW/H energii można było zaoszczędzić tylko o 1% swojej gospodarki.

1.3. Wykorzystanie odnawialnych źródeł energii" Niskie wskazania

Wprowadzenie

Niniejszy dokument analizuje charakterystykę zasobów energii odnawialnej Gruzji dla całego kraju, jak również na poziomie regionalnym. Gruzja jest dość bogata w odnawialne źródła energii, które mogłyby uzupełnić brak zasobów grzewczych (paliw kopalnych) w całym kraju. W artykule dokonano oceny warunków wykorzystania odnawialnych źródeł energii, niezależnie od tego, czy Gruzja znajduje się w korzystnej sytuacji pod względem zasobów energii wodnej, czy też nie. Jednak według danych z 2017 roku elektrownie wodne wytworzyły jedynie 11, 4% swoich możliwości technicznych i 23, 6% potencjału ekonomicznego, gdy wykorzystanie energii słonecznej i wiatrowej jest na wczesnym etapie rozwoju. Opracowanie zawiera propozycje znacznie bardziej odpowiedniego wykorzystania wyżej wymienionych zasobów. Obecny bilans energetyczny Gruzji jest bardzo ubogi, a kraj jest bogaty w odnawialne źródła energii. Wskazuje to, że promocja i rozwój energii odnawialnej powinna być głównym celem kraju.

Zasoby energii wodnej
Potencjał energetyczny rzek
Naturalne bogactwo sieci rzecznych przyczynia się głównie do zwiększenia potencjału energetycznego Gruzji. Sam fakt, że Gruzja wytwarza energię elektryczną za pośrednictwem elektrowni wodnych, częściowo rekompensuje deficyt paliw w kraju.

Dzięki górzystym terenom Gruzja posiada bogaty potencjał hydroenergetyczny. Kaukaz i małe góry kaukaskie mają wyraźnie duże nachylenie, a rzeki tych gór mogą mieć duży potencjał hydroenergetyczny ze względu na możliwość uzyskiwania wysokiego ciśnienia w małych odległościach. Stwierdzenie to odnosi się szczególnie do zachodniej Gruzji. Wszystko wskazuje na to, że w Gruzji jest 26 tys. rzek, o łącznej długości 60 tys. km. Rzeki o łącznej długości 25 km i mniejszej stanowią 99,3% całej ilości rzek i 76% całkowitej długości wszystkich rzek. Całkowita objętość przepływu wody wynosi 52,8 km3 , podczas gdy bezwzględne zasoby wodne Gruzji sięgają 61,5 km3. Jeśli dodamy do tego ilość słodkiej wody, w tym lodowców, jezior, zbiorników i terenów podmokłych, to ilość całych zasobów wodnych wzrośnie do 96,5 km3.

Według "Hydro Project", 319 z całkowitej ilości rzek posiada znaczący potencjał hydroenergetyczny, o potencjalnej mocy 15,63 mln kW i średniej rocznej produkcji 135,8 bl. kWh, jako całość. 208 z tych rzek to małe i średnie rzeki o potencjalnej mocy 14,78 GWh i 129,5 TWh. Pozostałe 111 rzek ma potencjał 851 tys. kW (7% całkowitej przepustowości rzek). Energia całkowitych wód powierzchniowych Gruzji wynosi 228,5 TWh, przy odpowiedniej mocy 26,1GWh.
Według badań, jeśli weźmiemy pod uwagę teoretyczną wielkość potencjału hydroenergetycznego głównych rzek Gruzji, możemy wyliczyć wielkość przepływów na metr kwadratowy, co stanowi 3,27 GWh dla całego kraju;

5,06GWh dla Gruzji Wschodniej i 1,73GWh dla Gruzji Zachodniej. W liczbach bezwzględnych widać, że 228,5 TWh (72,1%) przypada na zachód od Gruzji, a 63,7 TWh (27,9%) - na Gruzję Wschodnią.

Jeśli oddzielimy potencjał małych, średnich i dużych rzek, możemy założyć, że stanowią one 60% (135,8 TWh) całkowitego potencjału energetycznego wód powierzchniowych, a dodatkowe 40% (92,7bl. kWh) spada na wody z gór (patrz tabela 1.13.):

Tabela 1.13. Źródła energii wodnej

Źródła energii wodnej	Zdolność produkcyjna GWh	Energia TWh	%
Całkowity potencjał przepływów wód powierzchniowych	26.08	228.5	100
Teoretyczny potencjał dużych, średnich i małych rzek (319 rzek)	15.62	135.8	59.5
Teoretyczny potencjał przepływu wody z gór	10.46	92.7	40.5

Teoretyczny potencjał wodny dużych i średnich rzek wynosi 136TWh, co stanowi 3,4% całkowitego potencjału wodnego wszystkich rzek na terytorium byłych republik radzieckich. Techniczny potencjał hydroenergetyczny Gruzji wynosi 81bl. kWh, podczas gdy ekonomiczny potencjał hydroenergetyczny wynosi 39TWh. Potencjał wodny na każdy metr kwadratowy obecnego terytorium Gruzji wynosi 1943 tony kWh, co jest jedną z najwyższych wartości na świecie. Gruzja zajęła trzecie miejsce w krajach ZSRR pod względem potencjału wodnego per capita i była powyżej średniego wskaźnika ZSRR o 41,7%.

Dodatkowo, korzystnym warunkiem dla budowy HPP jest to, że 40% technicznie możliwego potencjału wodnego wszystkich 319 rzek koncentruje się na ośmiu głównych rzekach (Mtkvari, Rioni, Enguri, Tskhenistskali, Kodori, Bzifi, Khrami i Aragvi). Potencjał gospodarczy głównych rzek Gruzji został przedstawiony w tabeli 1.14. Wspomniany powyżej potencjał wodny Gruzji (135,8 TWh) odzwierciedla przepustowość 319 małych i średnich rzek.

Powszechnie wiadomo, że rozkład sezonowy potencjału hydroelektrowni jest teoretycznie zależny jedynie od sezonowości przepływów rzecznych. Również realokacja przez cały rok jest możliwa poprzez budowę konwencjonalnych HPP. Dlatego też sezonowość przepływu wody, biorąc pod uwagę ogólną sytuację energetyczną, jest najważniejsza dla rozwoju kompleksu cieplno-elektrycznego kraju.

Tabela 1.14. Potencjał gospodarczy głównych rzek Gruzji

Nazwa rzeki	Roczny potencjał gospodarczy bl. kWh	Udział w całkowitym potencjale gospodarczym, %
Enguri	10,7	27,4
Rioni z Tskhenistskali	8,3	21,3
Kodi	5,7	14,6
Alazan z Tusheti	3,8	9,7
Mtkvari z Aragvi	3,5	9
Bzifi	2,5	6,4
Khrami i Faravani	2,0	5,1
Shaori i Tkibuli	0,8	2,1
Małe rzeki	1,7	4,4
Wszystkie	39,0	100,0

Obecna sytuacja i wyzwania

Według danych z dnia 1 stycznia 2018 r. czynnych jest 67 HPP, z czego 19 to duże i średnie, a 48 to małe HPP (patrz tabela 1.15).

Tabela 1.15. Moc zainstalowana i wytwarzanie HPP w Gruzji, 2017 r.

N	Nazwa HPP	Generacja (GWh)	Moc zainstalowana (MW)	Porównując rok 2017 do 2015 w %	
				Pokolenie	Zdolność produkcyjna
I	II	III	IV	V	VI
1	Enguri	3566,94	1300	108,5	100
2	Vardnili	664,70	220	119,2	100
3	Khrami 1	191,81	112,8	85,07	100
4	Khrami 2	294,05	114,4	86	100
5	Jinvali	288,66	130	71,1	100
6	Vartsikhe Cascade	823,48	184	107,9	100
7	Rioni	294,66	51	95,9	106,25
8	Gumati	314,59	69.5	111,4	101
9	Lajanuri	385,57	113,7	102,07	100
10	Dzevruli	148,29	80	126,6	100
11	Shaori	145,55	40,32	137,06	105
12	Zahesi	176,82	36,8	95,1	100
13	Ortachala	65,81	18	83,5	100
14	Atskhesi	92,78	18,4	159,3	115

15	Chitakhevi	86,59	21	91,67	100
16	Satskhenisi	25,28	14	138,5	100
17	Khadori	111,99	24	82,5	100
18	Larsi	69,56	19	102,67	100
19	Faravani	380,97	86,54	93,55	100
20	Małe HPP	590,76	177,191	116,1	110,19
21	Ogółem HPP	8718,86	2830,651	104,7	100,9

W 2016 roku oddano do użytku 5 HPP, 4 małe i jedną średnią o łącznej mocy 116,7 MW. W związku z tym na początku 2017 r. działały 72 działające HPP o łącznej mocy zainstalowanej wynoszącej 2921,66 MW. Większość z nich znajduje się w zachodniej części Gruzji (w dorzeczach rzek Enguri i Rioni). Prawie połowa rocznej produkcji jest dostarczana przez 7 konwencjonalnych HPP, o łącznej mocy zainstalowanej 1991MW i rocznej produkcji ponad 5TWh. Łączna moc zainstalowana w istniejących 12 sezonowych HPP wynosi 646 MW, podczas gdy 48 małych, zderegulowanych (poniżej 13 MW) HPP (łączna moc zainstalowana 162 MW) dostarcza tylko 5% całkowitej produkcji.

Łączna pojemność zbiorników konwencjonalnych HPP wynosi 2259 mln ^{m3} (w tym 1425 mln ^{m3} to pojemność użytkowa). Główne części istniejących HPP są stare i wymagają modernizacji w celu zwiększenia ich wydajności. W większości przypadków plan napełniania i opróżniania nie jest realizowany zgodnie z założeniami, a w okresach deficytu nie gromadzi się energii.

W ostatnich latach nastąpił wzrost w budowie HPP; w szczególności w latach 2010-2018 oddano do użytku 18 HPP o łącznej mocy zainstalowanej 174 MW.

Od czasu uzyskania niepodległości przez Gruzję oddano do użytku ogółem 26 elektrowni wodnych, z czego 5 elektrowni jądrowych o średniej mocy i 21 o małej mocy. HPP o średniej wydajności to następujące HPP: Larsi, Faravani, Dariali, Khelvachauri 1, Shuakhevi. W 2017 r. elektrownie te wygenerowały 826 mln EUR. KWh. i małe elektrownie szczytowo-pompowe 243,4 mln. KWh. Energia elektryczna. Łącznie w 2017 r. produkcja energii elektrycznej w elektrowniach jądrowych wzrosła w Gruzji o 4,7% w porównaniu z rokiem 2015.

Dzięki wykorzystaniu nowoczesnych osiągnięć w budownictwie wodnym możliwe jest zbudowanie kilkudziesięciu dużych i średnich ekonomicznie opłacalnych HPP. Mimo to, poziom wykorzystania potencjału wodnego jest nadal niski. Produkcja energii elektrycznej w elektrowniach wodnych w 2016 roku wyniosła 9,2 TWh, co stanowiło zaledwie 11,4% mocy technicznych i 23,6% mocy ekonomicznej.

Główne wyzwania związane z badaniem potencjału wodnego i jego zastosowaniem są następujące:

- Przeliczenie potencjału wodnego.
- Budowa konwencjonalnych HPP z regulacją sezonową, zwiększającą zimową generację.
- Budowa konwencjonalnych kompleksów HPP w miarę możliwości.
- Budowa węzłów wodnych, które stworzą możliwość regulacji przepływu wody i wykorzystania jej do nawadniania, zaopatrzenia w wodę i elektryczność.
- Umieszczenie listy działań w agendzie na rzecz bezpieczeństwa i odbudowy wybrzeża Morza Czarnego po szkodach spowodowanych zmniejszeniem ilości osadów z rzek.
- Pełne wykorzystanie wykonalnego ekonomicznie lokalnego potencjału wodnego.
-

Energia słoneczna
Potencjał energii słonecznej

Biorąc pod uwagę położenie geograficzne Gruzji, skuteczność i czas trwania promieniowania słonecznego jest dość wysoka. W większości regionów Gruzji roczny czas trwania słonecznych dni waha się w granicach 250-280 dni, co (biorąc pod uwagę stosunek godzin dziennych do nocnych) równa się 1900-2200 godzin rocznie. Roczne promieniowanie słoneczne waha się w zależności od regionu między 1250-1800 kWh/m2. Ogółem potencjał słoneczny Gruzji szacuje się na 108 MW, co odpowiada 34 tonom ciepła.

Maksymalne promieniowanie słoneczne osiąga 10kWh/m2 w lecie i 4-4,5kWh/m2 w słoneczne dni zimy. Roczne maksimum promieniowania słonecznego obserwowano w Rodionovce - 2633 godziny, a minimum w Sairme - 1147 godzin. Roczne promieniowanie słoneczne wybranych regionów Gruzji zostało przedstawione w tabeli 1.16. poniżej.

Tabela 1.16. Roczne promieniowanie słoneczne dla wybranych regionów Gruzji

Stacje	Wzniesienie (m)	Powierzchnia prostopadła (kWh /m2)	Powierzchnia pozioma (kWh /m2)
Senaki	40	1317	1329
Sokhumi	116	1351	1415
Anaseuli	158	1198	1303
Tbilisi	428	1861	1402
Telavi	568	1350	1408

Tcalka	1457	1386	1457
Przepustka Jvari	2395	1503	1586
Kazbegi	3653	1706	1790

Obecna sytuacja i wyzwania

Obecnie instaluje się do 50 000 kolektorów słonecznych do zaopatrzenia w ciepłą wodę, głównie do zasilania w ciepłą wodę do łazienki i kuchni, ogrzewania basenów kąpielowych oraz do ogrzewania domów w miesiącach zimowych. Również małe panele fotowoltaiczne są dość dobrze rozpowszechnione wśród ludności, w większości o mocy od 20 do 2000 watów. Według informacji przekazanych przez stowarzyszenie "Sun House", w Gruzji zainstalowano do 400 słonecznych systemów fotowoltaicznych o łącznej mocy 90kW. Według wiodącego supermarketu inżynierskiego "Qebuli climate", sprzedali i zainstalowali do 5700 kolektorów słonecznych do podgrzewania wody.

30 lipca 2016 roku międzynarodowy port lotniczy w Tbilisi zainstalował panele słoneczne do produkcji energii elektrycznej z pomocą firm japońskich. Średnia moc systemu wynosi 316kW, roczna produkcja 337kWh, powierzchnia pokryta - 4000 ^{m2}, spadek emisji CO2 - 187 ton. Wygenerowana energia elektryczna jest wykorzystywana do oświetlenia terminali. Niedawno, w październiku 2018 roku, w Lagodekhi, we wschodniej Gruzji, oddano do użytku mikrostację słoneczną. Ponadto, jedna z firm działających na rynku gruzińskim oferuje za 2,2 USD monokryształowe baterie słoneczne 1W, przygotowane według niemieckich technologii.

Ministerstwo Energii i "Headwall Power International" podpisały memorandum w sprawie badań potencjału energetycznego w gminie Gardabani. Zgodnie z memorandum, Headwall Power International wraz ze swoim partnerem "firmą energii słonecznej" badał potencjał energetyczny w Gardabani przez 12 miesięcy.

W dniu [30] czerwca 2016 r. podpisano Protokół Ustaleń pomiędzy Rządem Gruzji a państwową firmą Gruziński Fundusz Rozwoju Energetyki w celu zapewnienia badania/analizy danych dotyczących energii słonecznej w gminie Sagarejo w regionie Kachetii. Moc zainstalowana elektrowni słonecznej wynosi 5 MW, a jej szacunkowa roczna produkcja wynosi 6 900 000 KWh. Studium wykonalności zostało już przygotowane przez firmę. Obecnie negocjowane są warunki protokołu ustaleń z Ministerstwem Gospodarki i Zrównoważonego Rozwoju Gruzji, a konsultant przygotowuje dokumentację przetargową dla wykonawcy EPC (Engineering, Procurement, and Construction).

Energia wiatrowa

Zasoby energii wiatrowej

Średnia roczna prędkość wiatru w Gruzji wynosi 0,5- 9,2 metra/sekundę. W niektórych regionach przekracza ona 15 m/sek. Zgodnie z istniejącymi badaniami całkowity potencjał energii wiatrowej wynosi 1 450 MW przy średniej rocznej produkcji 4 160 GWh.

Gruzja położona jest na północnym skraju strefy subtropikalnej wysokiego ciśnienia i charakteryzuje się dużym oddziaływaniem północnych procesów półkolistych, z ogólnym kierunkiem z zachodu na wschód. Złożoność geograficzna Gruzji decyduje o różnorodności klimatu na jej terytorium. Ruch wiatru na terytorium Gruzji wynika z charakteru ogólnej cyrkulacji atmosfery, położenia geograficznego i ukształtowania terenu. Gruzja znajduje się pod wpływem średniego i subtropikalnego rozmieszczenia cyrkulacji powietrza, a warunki tej cyrkulacji określane są jako zmiany w dynamicznym ruchu dynamicznego antycyklonu i polarnego położenia frontu, a także w procesach atmosferycznych, w podziałach średnich i tropikalnych.

W ciepłym okresie roku Gruzja znajduje się pod wpływem wschodniego odgałęzienia antycyklonu azorskiego, tworzy się strefa wysokiego ciśnienia na wyżynach Kaukazu i w tym okresie wzrasta ciągłość kierunku zachodniego. Na nizinie Kolkheti i obecnych obszarach przybrzeżnych, wiatry zachodnie i południowo-zachodnie napływają od morza do obszarów lądowych, których replikacja sięga 60%. U podnóża i na wzgórzach Kaukazu dominują wiatry wschodnie i południowo-wschodnie, natomiast w Górach Jawoczetych dominują głównie wiatry północno-zachodnie.

Ze względu na wpływ zachodniej części Antyklonu Syberyjskiego w zimie, na Morzu Czarnym tworzy się strefa niskiego ciśnienia, natomiast w centralnych regionach Zakaukazia ciśnienie jest wyższe. Biorąc pod uwagę te same okoliczności, w dolinie Kolchidy i wąwozie Rioni dominują wiatry wschodnie, których replikacja sięga 45-60%. U podnóża i na wzgórzach Kaukazu nasilają się wiatry północne i północno-wschodnie. W regionach górskich Javakheti dominują kierunki południowe i południowo-wschodnie z 60% wskaźnikiem skruchy.

Prawie cały kraj jest dobrze reprezentowany przez górską cyrkulację, charakteryzującą się cyklicznością w ciągu dnia. W ciągu dnia wiatr wieje z niskich terenów do gór, a w nocy wieje po przeciwnej stronie gór. W rejonach przybrzeżnych Morza Czarnego bryza dodaje się do górskiego obiegu. W tym przypadku, gdy wiatr i górskie cyrkulacje są kompatybilne, wiatr wzmacnia się.

Gruzja posiada potencjał energii wiatrowej, który praktycznie nie jest wykorzystywany. Według specjalnych badań, teoretycznie dostawy energii wiatrowej w Gruzji wynoszą 1,3 * ^{1012} kWh rocznie, podczas gdy potencjał wiatru o prędkości powyżej 4,0 m/s wynosi prawie 4,5 TWh rocznie.

Zgodnie z naturalnym potencjałem energii wiatrowej, terytorium Gruzji posiada cztery strefy:

- Strefa dużych prędkości - góry południowej Gruzji, dolina Kakhaberi i centralna część Niziny Kolkhetińskiej. Czas trwania okresu pracy wynosi ponad 5000 godzin rocznie.
- Strefa częściowo szybka i częściowo wolna - dorzecze Mtkvari od Mtskhety do doliny Kakhaberi. Czas trwania okresu pracy wynosi 4500-5000 godzin rocznie.
- Efektywna strefa eksploatacji farm wiatrowych małej prędkości - grzbiet Gagry, nizina Kolkheti i niziny wschodniej Gruzji.
- Strefa ograniczonego użytkowania farm wiatrowych o niskiej prędkości - wyżyna Iori i zbiornik Sioni.

Częstotliwość występowania silnych wiatrów w Gruzji jest obserwowana na szczytach i przełęczach górskich, na przykład w Mta-sabueti, gdzie liczba silnych wiatrów jest wysoka. Tutaj średnia roczna prędkość wiatru jest wyższa niż na innych obszarach - 9,2 m/s.

Obecna sytuacja i wyzwania

W gminie Gori w 2016 roku zainstalowano sześć turbin wiatrowych o mocy 3,45 MW (model turbiny: V117-91,5HH), o średnicy 117 metrów, o łącznej mocy zainstalowanej 20,7 MW i rocznej produkcji 88 GWh. Rocznie zredukuje ona do 5 ton gazów cieplarnianych.

Na jego budowę wydano w sumie 34 miliony dolarów. Projekt został sfinansowany przez EBOiR z kredytu w wysokości 22 mln USD. Elektrownia wiatrowa należy do spółki "Qartli Wind Farm" LLC, której założycielem jest państwo. Farma wiatrowa Gori zaczęła funkcjonować w grudniu 2016 roku. A w 2017 roku sama stacja wygenerowała prawie 100 milionów. KWh. W 2018 r. funkcjonował on nadal z powodzeniem.

Energia elektryczna wytwarzana przez elektrownię wiatrową będzie kupowana po wcześniej ustalonej taryfie. ESCO ma obowiązek od 10 lat kupować 100% energii elektrycznej wytworzonej przez stację za 6,89 USD, co zostało podjęte w ramach protokołu ustaleń podpisanego między farmą wiatrową Qartli, rządem Gruzji, Gruzińskim Państwowym Systemem Elektroenergetycznym i Operatorem Handlowym Systemu Elektroenergetycznego (ESCO). Taryfa ta jest w przybliżeniu równa wartości importowanej energii elektrycznej.

Gruzja posiada znaczny potencjał energii wiatrowej, a kilka badań dotyczących elektrowni wiatrowych określiło obszary potencjalnej budowy farm wiatrowych:

- Poti-50 MW, roczna produkcja 110 GWh;
- Stacja Chorokhi-50 MW, roczna produkcja120 GWh;
- Elektrownia Kutaisi-100 MW, roczna produkcja 200 GWh;
- Elektrownia Mta-Sabueti N1- 150 MW, roczna produkcja 450 GWh;
- Stacja Mta-Sabueti N2 - 600 MW, roczna produkcja 2 000 GWh;
- Elektrownia Gori-Kaspi-200 MW, roczna produkcja 500 GWh;
- Caravan - elektrownia o mocy 200 MW, roczna produkcja 500 GWh;

- Elektrownia Samgori-50 MW, roczna produkcja 130 GWh;
- Rustavi - elektrownia 50 MW, roczna produkcja 150 GWh;

Jak już wspomniano, Gruzja jest bogatym krajem o odnawialnych źródłach energii, z których duży potencjał energetyczny przypada na zasoby wodne. Według udziału zasobów wodnych w przeliczeniu na jednego mieszkańca Gruzja jest jednym z wiodących państw na świecie, ale obecnie wykorzystuje się tylko 18-20 % potencjału technicznego zasobów wodnych. Z drugiej strony, ze względu na sezonowość sektora energetycznego, wykorzystanie potencjału energii wiatrowej ma szczególne znaczenie w miesiącach zimowych, kiedy potencjał zasobów wodnych w Gruzji spada.

Wszystko zależy od warunków naturalnych miejsca określonego dla budowy stacji; jeśli chodzi o fakt, że energia wiatrowa jest droższa od hydroenergetyki, to musimy również zauważyć, że przeciwnie, energia wiatrowa jest znacznie tańsza od importowej i termicznej, zwłaszcza w okresie zimowym, kiedy hydroenergetyka nie wystarcza do zaspokojenia zapotrzebowania ludności Gruzji.

Bioenergia

Zasoby bioenergii

Niestety, nie ma pełnego podstawowego badania potencjału energetycznego Gruzji w zakresie biopaliw. Przeprowadzono jedynie badania oceniające, na podstawie których można wyciągnąć optymistyczne wnioski. Biodiesel jest więc alternatywną, odnawialną energią, która jest tak ważna dla współczesnego świata.

Ilość różnych rodzajów odpadów z biomasy wraz z ich potencjałem energetycznym oraz wartością oszczędności podano w tabeli.

Tabela 1.17. Potencjał energetyczny różnych odpadów z biomasy w Gruzji

Gatunki biomasy	ilość (103 tony)	Energia (109kWh)	Koszt (106 USD)
Odpady z upraw granulatu i roślin strączkowych	870	1,3	80
Zwierzęta gospodarskie i odpady drobiowe	1670	6,9	176
Odpady z gospodarstw domowych	900	0,6	14
Odpady z urządzeń do oczyszczania ścieków w Tbilisi	250	1,0	57
Drewno i jego odpady	700	2,7	125
Razem	4390	12,5	452

Ta tabela daje nam do zrozumienia, że energia z biomasy może zaoszczędzić do 500 milionów dolarów wydanych na drogie importowane zasoby energetyczne. Poza istniejącym potencjałem, na niewykorzystanych obszarach rolniczych Gruzji możliwe jest budowanie plantacji energetycznych, które pozytywnie wpłyną na ilość zasobów bioenergii w Gruzji. Z obliczeń ekspertów można uzyskać z 6000 ha rzepaku 5000 ton biodiesla, 10 000 ton miedzi i 18 000 ton suchej masy. Za opcję perspektywiczną można również uznać uprawę bylin euonymus (wrzecionowatych). Do jego uprawy potrzebny jest wilgotny lub półmokry obszar. Przy pojedynczym siewie daje plony przez

10 lat. Produktywność Gruzji Zachodniej (gdzie obszar półmokrej powierzchni obejmuje dziesiątki tysięcy hektarów) wynosi 20-25 ton suchej masy na hektar. Energia cieplna 12500 MJ (3400 kWh) jest uzyskiwana przez spalenie suchej części 1 tony silfii. Tak więc, potencjał energetyczny silfii na 1 hektarze wynosi 20 * 3400 = 68000 kWh. Przy obliczeniach ekspertów cena 1 litra biodizelu otrzymanego od Silfii nie przekroczy 0,6$.

Jednym z priorytetów jest wprowadzenie biotechnologii, w szczególności biogazowni. Istnieje kilka dobrych czynników dla jego rozwoju, w ramach których jednym z najważniejszych są corocznie odnawialne zasoby biomasy, które mogą być wykorzystane do zaspokojenia 14-17% zapotrzebowania na energię w rolnictwie. Biomasa resztkowa jest szacowana na 1,6 mln ^{m3} rocznie w wyniku uprawy zbóż w Gruzji.

Obecnie łączna liczba bydła wynosi 1048500 sztuk. Każdego roku w gruzińskich gospodarstwach rolnych gromadzi się do 2 mln biomasy resztkowej, która jest ważnym zasobem dla poprawy warunków energetycznych, ekonomicznych i środowiskowych kraju. Całkowity potencjał energetyczny odpadów zwierzęcych i drobiowych odpowiada około 6,9 mld kWh i 734 mln ^{m3} gazu ziemnego.

Inne pozytywne czynniki wpływające na wykorzystanie biogazowni: Biogaz uzyskany za pomocą urządzeń do produkcji biogazu może być wykorzystany bezpośrednio lub możemy uzyskać trochę energii elektrycznej. Ponadto, ma on następujące pozytywne cechy: Biomasa otrzymywana z biogazowni jest najlepszym nawozem organicznym, w porównaniu z obornikiem pochodzącym od zwierząt gospodarskich, bio-nawóz zawiera o 30% więcej naturalnego azotu. Dzięki jego wykorzystaniu wydajność zwiększa się o 10- 15%.

Zmniejsza to wykorzystanie nawozów chemicznych i pozwala na zmniejszenie ciśnienia wód gruntowych.

Obecna sytuacja i wyzwania

W latach 1948-1961 w Instytucie Mechanizacji Rolnictwa Gruzji powstało szereg konstrukcji biogazowni. W 1959 roku Instytut ten wybudował w Krtsanisi farmę biogazu dla 200 sztuk bydła.

Cała biotechnologia operacyjna została zbudowana przy wsparciu międzynarodowych organizacji darczyńców w latach 1994-2007. Obecnie działa ponad 400 urządzeń. Najbardziej wyjątkowe typy konstrukcji to: maszyna z mocną kopułą, z pływającą pokrywą w stylu indyjskiego Gobara; wysokowydajne urządzenia do produkcji biogazu wykonane z materiału polimerowo - włóknistego; zbiorniki na metan pracujące na powierzchni w reżimie termofilnym; najczęściej spotykane urządzenia to 6 ^{m3} (pozostałości po 4-6 sztuk bydła), chińskie z mocną kopułą i indyjskie z pływającą pokrywą i niewielkimi zmianami.

W zimnych regionach Gruzji istnieją dwa główne sposoby utrzymania właściwej temperatury wewnątrz bio-sprzętu: ogrzewanie ciepłej wody (za pomocą biogazu, elektryczności, drewna opałowego, słonecznego podgrzewacza wody i innych środków) oraz rozmieszczenie izolacji cieplnej (jedna lub więcej warstw gleby, siana, tkaniny szklanej). Początkowo woda jest podgrzewana przez drewno opałowe, a następnie wytwarzana przez biogaz. Dla warunków termofilnych, temperatura wewnętrzna powinna wynosić 45-65 0C. Trudno jest jednak utrzymać tę temperaturę bez ogrzewania w zimnych warunkach klimatycznych.

Biogazownia metalowa pracująca w trybie termopalnym wyróżnia się wysoką intensywnością (3-4 ^{m3} biogazu dziennie z 1 ^{m3} objętości bioreaktora).

Maszyna została zmontowana w specjalnej fabryce, a następnie przetransportowana i zainstalowana na miejscu. Takie urządzenie (o pojemności 2 ^{m3} bioreaktora) zostało zainstalowane w rodzinie chłopskiej w Lisi i działało przez 5 lat, dając rodzinie stale otrzymywany biogaz i zmniejszając koszty gazu płynnego i drewna.

Ich cena jest dość wysoka, gdyż nie ma możliwości seryjnej produkcji takich urządzeń. Cena urządzeń do produkcji biogazu waha się od 2000 do 3000 USD w zależności od rodzaju, wielkości, przetwarzania surowców i lokalizacji. Ponadto, wszystkie wyżej wymienione urządzenia powinny być instalowane przez wykwalifikowanych specjalistów.

Wniosek

Istniejące wyniki badań przemysłowych wyraźnie wskazują, że nasza hipoteza naukowa jest prawidłowa. Obecnie 80% zużywanej energii elektrycznej jest wytwarzane z odnawialnych źródeł energii. Należy również zwrócić uwagę na ilość wytworzonej energii elektrycznej z farm wiatrowych i pierwsze wyniki. Należy jednak podnieść świadomość społeczną w zakresie rozwoju i promocji energii odnawialnej, ponieważ ma ona kluczowe znaczenie dla przyszłych działań. Niekiedy budowa nowych mocy wytwórczych, zwłaszcza budowa nowych elektrowni wodnych, jest utrudniona ze względu na wymogi ekologiczne i środowiskowe.

Badania te pokazują, że energia wodna odgrywa wiodącą rolę w rozwoju sektora energii odnawialnej. W 2017 r. około 59,4% całkowitej produkcji energii pochodziło z odnawialnych źródeł energii, podczas gdy biopaliwa stanowiły 27,4%. Wykorzystanie energii słonecznej, energii wiatru i wód termalnych jest w fazie początkowej. Biomasa, najlepiej drewno, jest używana w regionach zdecentralizowanych, co powoduje niesystematyczne wylesianie. Należy zauważyć, że trend ten należy zmienić w przyszłości i wykorzystać inne alternatywne zasoby, ponieważ las chroni glebę i pełni funkcje ekologiczne. Dlatego też rozwój energii odnawialnej powinien być zgodny z wymogami ochrony środowiska. Nieistniejąca obecnie ustawa o energii odnawialnej powinna zostać przyjęta w najbliższej przyszłości.

Przyszłe i bardziej szczegółowe badania w tej dziedzinie są potrzebne dla większego wykorzystania zasobów energii słonecznej, wiatrowej i wodnej z uwzględnieniem czynników i wymagań ekologicznych.

Problemy związane z ochroną środowiska

Wprowadzenie: Syntetyczne połączenie pomiędzy energią a ekologią

Interesy społeczności i kwestie ekologiczne związane z rozwojem kompleksu energetycznego są ze sobą ściśle powiązane. Społeczność jest zainteresowana zarówno dostarczaniem energii, jak i życiem w czystym środowisku. Dlatego też zapewnienie równowagi energetycznej i ekologicznej jest istotnym warunkiem wstępnym dla realizacji każdego projektu energetycznego. Bez rozwiązania tych kwestii każdy projekt jest skazany na niepowodzenie. Zostało to wyraźnie udowodnione wydarzeniami, które miały miejsce w Gruzji: w latach 90. ubiegłego wieku budowa Khudoni HEPS została przerwana z powodu krytycznych protestów społeczeństwa wobec kwestii zagrażających ekologii.

Energia odgrywa istotną rolę w zanieczyszczaniu przyrody. Wydala dużą ilość surowców górniczych, nieskazitelną wodę, tlen atmosferyczny, zmienia krajobraz, zanieczyszcza powietrze i zbiorniki wodne organicznymi produktami spalania paliw, a pozostałości procesów technologicznych emitują dużą ilość niskiej potencjalnej energii cieplnej. Często zdarza się, że warstwy gleby stają się częściowo lub całkowicie bezużyteczne podczas wydobywania i wytwarzania jednego rodzaju produktów, pogarsza się reżim hydrogeologiczny itp.

Energia, a przede wszystkim energia elektryczna są znaczącymi użytkownikami wody. Ponadto, od lat istniejące w kraju elektrociepłownie wykorzystują około miliarda metrów sześciennych wody, w tym ponad trzy miliony bez jej zwrotu. Oznacza to, że na każdy tysiąc kwt/godzinę produkcji energii elektrycznej zużywa się 82 metry sześcienne wody, w tym 0, 22 metry sześcienne bez powrotu [2].

W energetyce, jak i w innych dziedzinach, stopniowe rozwiązywanie problemów ekologii odbywa się na szczeblu rządowym. W dniu 24 czerwca 2015 r. parlament zatwierdził dokument określający podstawowe kierunki polityki państwa w dziedzinie energetyki w Gruzji, który wyraźnie przewiduje komponenty środowiskowe. Mianowicie, uwzględnianie najlepszych praktyk międzynarodowych przy realizacji projektów energetycznych o znaczącym wpływie. Przewiduje on ocenę oddziaływania społecznego i środowiskowego, organizowanie pociech z lokalnymi społecznościami, nagłośnienie odpowiednich informacji i zapewnienie ich dostępności.

W celu realizacji ww. polityki przewiduje się stosowanie metod o wysokiej efektywności ekologicznej oraz wytwarzanie i wykorzystywanie ekologicznie czystych zasobów energii w zakresie działalności i produkcji kompleksu energetycznego; stymulowanie ekonomiczne wykorzystania technologii z małą ilością odpadów lub bez odpadów oraz ustanowienie systemu wynagrodzeń kompensacyjnych w przypadku ich naruszenia; wzmocnienie tych wynagrodzeń zasadą organizacji i nadanie im charakteru wynagrodzenia ekonomicznego (w tym funduszy ubezpieczeniowych środków zapobiegawczych); racjonalizację płatności pieniężnych za korzystanie z zasobów naturalnych, zarządzanie nimi oraz prawne uregulowanie ubezpieczeń ekologicznych.

Problemy środowiskowe są szczególnie krytyczne w krajach rozwijających się, do których należy również Gruzja. Pod warunkiem, że kompleks energetyczny jest jednym z głównych źródeł zanieczyszczenia środowiska, funkcjonowanie i rozwój energetyki w ostatnim okresie napotyka na najbardziej dotkliwe i ekologiczne problemy. Poza tym, w oparciu o naturalnie monopolistyczny charakter spółek sektora energetycznego, jest on regulowany przez niezależną firmę regulacyjną, a jego produkcja i dystrybucja energii podlegają licencjonowaniu.

Kompleks energetyczny w Gruzji

W oparciu o dane z ostatnich lat, zbiory i wykorzystanie wody w kompleksie energetycznym Gruzji wynosiły odpowiednio 691,8 i 664,3 mln metrów sześciennych. Było to współmierne do odpowiednich 64,2 i 57,3 procent naszego przemysłu oraz 18,1 i 21,3 procent całej gospodarki. 1,3% zanieczyszczonych wód w kraju stanowi udział w kompleksie, natomiast wskaźnik ten jest znacznie wyższy w odniesieniu do przemysłu - 5,2%.

Spośró d wszystkich rodzajów źródeł energii większość jest reprezentowana w Gruzji. Kraj posiada zasoby wodne, węgiel, torf, ropę naftową, gaz ziemny, wody termalne, perspektywy wykorzystania energii wiatru, słońca, biomasy i wód termalnych są ogromne.

Zasoby hydroenergii stanowią nieocenione bogactwo. Techniczne zasoby hydroenergii w kraju wynoszą 80 mld kw/godz., a zasoby gospodarcze 40 mld kw/godz. Do dnia dzisiejszego wykorzystano jedynie 12% zasobów technicznych i oczywiście są one nadal wykorzystywane.

Analiza pokazuje, że energia elektryczna wytwarzana w elektrowniach wodnych jest czystsza ekologicznie niż w elektrociepłowniach zasilanych węglem, ciężkim olejem opałowym, a nawet gazem ziemnym. Uważamy, że w sferze hydroenergetyki postawienie na pierwszym planie kwestii ekologicznych było uwarunkowane głównie konstrukcją HEPS z mechanizmami ochrony wód. Należy również wziąć pod uwagę, że elektrownia wodna z zabezpieczeniem wodnym generuje najdroższą energię szczytową. Zapewnia zatrzymanie wody podczas powodzi i zalewania oraz minimalizację szkód wyrządzonych przyrodzie i odbiorcom energii elektrycznej w wyniku tych procesów. Ponadto możliwe jest zwiększenie efektywności wielostronnego wykorzystania wody, wykorzystując ją zarówno do wytwarzania energii, jak i do nawadniania i zaopatrzenia w wodę.

Gruzja ma historię prawie 1,5 wieku budowania i eksploatacji HEPS. Ich oddziaływanie na środowisko zmieniało się cyklicznie [4, 13, 16]. Od 2016 r. w Gruzji uruchamiane są HEPS o dużej i średniej mocy, a także te o małej mocy od 67 do 50 (poniżej 13 megawatów). Okres funkcjonowania znacznej części elektrycznej infrastruktury przesyłowej przekracza
40 lat i wymaga doposażenia technicznego.

Ponadto przez terytorium kraju przebiega rurociąg Baku-Tbilisi-Geican, a także gazociąg Erzerum; produkty naftowe i gaz ziemny przepływają w dużej ilości. Ogólnie rzecz biorąc, istnieje rosnąca tendencja do transportowania i wykorzystywania zasobów energetycznych w kraju (patrz tabela 1.18.). Odpowiednio, "obciążenie ekologiczne" stopniowo wzrasta.

Tabela 1.18. Produkcja i transport zasobów energetycznych w Gruzji (Tysiąc ton ekwiwalentu ropy naftowej)

Nazwa zasobów energetycznych	Rodzaj działalności	2014	2015	2016	2016 r., % w porównaniu z 2014 r.
Węgiel	Produkcja	121.5	124.2	120.4	99.1
	Eksport	1	0.7	0.6	60
Ropa naftowa	Produkcja	43.3	40.8	39.1	90.3
	Eksport	52	155	18.4	35.4
	Import	_	135.3	_	_
Produkty	Import	1152.2	1382.5	1526.6	132.5
	Eksport	16	83.6	108.2	676.3
Gaz ziemny	Produkcja	_	11.6	_	_
	Import	1825.3	2090.6	1885.3	103.3
Hydroenergetyka	Produkcja	8.6	9.5	5.5	152.7
	Produkcja	716.7	726.9	802.2	111.9
	Produkcja ogółem	10371.2	10592.5	11573.6	111.6
Energia	Import	73.2	60.1	114.2	155.8
	Eksport	52	56.7	121.1	232.8
Energia geotermalna, Biopaliwo i	Produkcja	1.68	18.5	21.2	126.2
	Produkcja	456	399	387.9	83.4
	Produkcja	1372	1330.4	1376.3	100.3
Razem	Import	3229.4	3820.7	3735.1	115.6
	Eksport	121.1	408.1	249.6	206.1

Cele bezpieczeństwa ekologicznego

W celu wdrożenia polityki bezpieczeństwa ekologicznego w zakresie energii konieczne jest osiągnięcie następujących celów:

- Tworzenie ekologicznie czystych technologii z małą ilością odpadów lub bez nich, oszczędność energii i zasobów dla racjonalnej produkcji i wykorzystania zasobów paliw i energii, zmniejszenie ilości zanieczyszczających środowisko posypisk i gazów cieplnych, jak również tworzenie odpadów przemysłowych i niebezpiecznych działań innych czynników, utylizacja odpadów;

- Budowa i rekonstrukcja terenów środowiskowych, w tym zwiększenie tempa rekultywacji skażonej i erozji gleby w procesach zatrzymywania substancji niebezpiecznych ze spalonego gazu oraz neutralizacji i oczyszczania wody odciekowej, budowa i wykorzystanie terenów energetycznych oraz wykorzystanie odpadów przemysłowych jako surowca wtórnego;
- Stymulowanie ekonomicznie racjonalnego wykorzystania gazu płynącego z ropą naftową, ograniczając praktykę spalania go w pochodniach (przede wszystkim kosztem stworzenia ekonomicznie użytecznych warunków stosowania takiego gazu);
- Wprowadzenie czystyc h ekologicznie technologii spalania w elektrociepłowniach węglowych i innych przedsiębiorstwach jako warunek realizacji perspektywy wykorzystania węgla;
- Poprawa jakości węgla (w tym wykorzystanie wzbogacania, obróbki, brykietowania i innych środków) oraz wykorzystanie metanu w kopalniach;
- Zapewnienie pełnej struktury bazy normatywnej produktów w wyniku spalania produktów naftowych i substancji zanieczyszczających zgodnie z normami międzynarodowymi. Zwiększenie produkcji paliwa o lepszych parametrach ekonomicznych dla silników wysokiej jakości;
- Opracowanie i wykorzystanie programów minimalizacji szkód ekologicznych powodowanych przez funkcjonowanie HEPS i ich budowę;
- Organizowanie prac związanych z certyfikacją technologii ochrony środowiska i środków technicznych.

Dla osiągnięcia powyższych celów konieczne jest ukształtowanie poziomu współczesnych wymagań i osiągnięć naukowo-technicznych oraz jednolitego systemu informacyjnego monitoringu ekologicznego; zapewnienie warunków współmiernych do bezpieczeństwa ekologicznego, stymulowanie i regulowanie inwestycji oraz stworzenie harmonijnych podstaw prawnych.

Strategia ekologiczna kompleksu energetycznego opiera się na konieczności wypełnienia międzynarodowych zobowiązań Gruzji w dziedzinie ekologii i jest skonstruowana zgodnie z problemami globalnego charakteru rozwoju energetyki teraźniejszości, które są związane z ochroną środowiska i ich rozwiązanie zapewni zrównoważoną przyszłość ludzkości.

Na podstawie Protokołu z Kioto (ratyfikowanego w Gruzji w lipcu 1999 r.), spośród kilku mechanizmów finansowych wdrażania ramowej konwencji w sprawie zmian klimatu, Gruzja, jako kraj rozwijający się, ma prawo do korzystania z "Mechanizmu Czystego Rozwoju" (CDM), który umożliwi Gruzji sformułowanie długoterminowej i zrównoważonej strategii rozwoju energetyki opartej na rosnącym tempie wzrostu efektywności energetycznej i wykorzystaniu odnawialnych źródeł energii.

Wniosek

Pod warunkiem, że kompleks energetyczny jest jednym z głównych źródeł zanieczyszczenia środowiska, funkcjonowanie i rozwój energetyki w ostatnim okresie napotyka na najbardziej dotkliwe i ekologiczne problemy. Spośród wszystkich rodzajów źródeł energii większość jest reprezentowana w Gruzji, a zasoby hydroenergii stanowią nieocenione bogactwo.

Źródła wodne są jak dotąd uważane za główne bogactwo energetyczne Gruzji i konieczne jest zapewnienie pełnego uwzględnienia wymagań ekologii w tym zakresie. Mianowicie, konieczne jest, aby

- Dalsze efektywne pod względem ekologicznym i ekonomicznym wykorzystywanie lokalnych zasobów hydroenergetycznych;
- Budowa złożonych hydrostacji, które umożliwią regulację spływu wód z

rzek oraz wykorzystanie zasobów wodnych do celów nawadniania, zaopatrzenia w wodę i energii;

- Opracowanie i wdrożenie takich środków, za pomocą których możliwe będzie odtworzenie i ochrona wybrzeża Morza Czarnego ze względu na zmniejszenie ilości twardych odłamków wnoszonych przez rzekę;
- Zorganizować kompleks hydroakumulacyjnych stacji elektrycznych w jak największym stopniu.

Tendencje regulacyjne w dziedzinie energetyki

Wprowadzenie

Regulacja państwowa naturalnych monopoli na świecie ma długą historię sięgającą ponad wieku. Stany Zjednoczone są uważane za pionierskie państwo w dziedzinie regulacji. Pod koniec XIX wieku kraj ten stał się liderem w rozwoju swoich struktur znacznikowych. Wzmocniono również monopole. Aby zapobiec osłabieniu konkurencji, rząd uznał za konieczne wprowadzenie regulacji antymonopolowej gospodarki i uchwalił pierwsze na świecie ustawodawstwo antymonopolowe. Wkrótce potem powołano również komisje regulacyjne. Od samego początku istniały niezależne instytucje, które pozwalały im na unikanie wpływów politycznych i skuteczne prowadzenie działalności gospodarczej. Rząd określa ich prawa i obowiązki, ale w ramach swoich kompetencji prowadzą oni działalność w sposób niezależny.

Wkrótce potem w innych krajach również powstały naturalne komisje regulacyjne monopoli, ale w wielu krajach powstały one później, m.in. w Wielkiej Brytanii, Argentynie, Norwegii, Szwecji itd. Obecnie komisje regulacyjne istnieją w większości krajów postsocjalistycznych (Węgry, Polska, Macedonia, Rumunia, Słowacja, Czechy, Rosja, Kazachstan itp.).

Gruzja jest krajem trzecim (po Ukrainie i Rosji), w którym po rozpadzie

Związku Radzieckiego utworzono Krajową Komisję Regulacji Energetyki.

Powołanie Komisji Regulacji Energetyki Gruzji, która po raz pierwszy została powołana na mocy zarządzenia prezydenta w ramach Ministerstwa Rozwoju Gospodarczego, było najważniejszym, integralnym elementem dużego i złożonego procesu przemian gospodarczych w sektorze energetycznym Gruzji. Na początkowym etapie Komisja została zobowiązana do uregulowania hurtowych i detalicznych taryf opłat za energię elektryczną.

Utworzenie takiej instytucji opierało się przede wszystkim na konieczności przyjęcia zasad gospodarki rynkowej. W ciągu roku Komisja działała w ramach Ministerstwa Rozwoju Gospodarczego, ale od 1 sierpnia 1997 r., po zatwierdzeniu ustawy Gruzji o energii elektrycznej, została utworzona jako niezależny organ.

Od 1 sierpnia 1997 r. Krajowa Komisja Regulacji Energetyki reguluje sektor energii elektrycznej, ale po kwietniu 1999 r. została dodatkowo obciążona regulacją sektora gazu ziemnego.

W dniu 30 listopada 2007 r. parlament Gruzji przyjął poprawki i uzupełnienia do gruzińskiej ustawy o energii elektrycznej i gazie ziemnym, zgodnie z którymi Komisja została dodatkowo obciążona regulacją sektora wodociągowego.

Od samego początku przyznano mu wystarczająco wysoki status niezależności. W szczególności Komisja stała się stałą osobą prawną prawa publicznego, której działalność nie jest podporządkowana żadnej innej instytucji i organizacji państwowej, a w ramach swojej jurysdykcji wydaje rozporządzenia, które są tekstami prawnymi dla obszaru energetycznego.

Zgodnie z tą ustawą Komisja wydaje stałe zezwolenia na pracę. Na dzień 1 stycznia 2016 r. w sektorze elektroenergetycznym funkcjonowały 23 koncesjonariuszy, a w sektorze gazu ziemnego 31 koncesjonariuszy. Wszyscy oni są okresowo monitorowani pod kątem zgodności z warunkami udzielania koncesji, a w razie konieczności chronione są uzasadnione prawa koncesjonariuszy.

Ochrona praw konsumentów jest przedmiotem stałej troski Komisji, ponieważ prawa konsumentów są ważnymi wartościami stabilnego, wolnego i zorganizowanego społeczeństwa obywatelskiego. Już w dniu 1 czerwca 2001 r. w ramach Komisji rozpoczęła działalność jednostka ds. ochrony praw obywatelskich, ale w dniu 22 lipca 2003 r., w oparciu o zmiany w ustawie Gruzji o niezależnych krajowych organach regulacyjnych, w celu lepszej ochrony praw konsumentów, w ramach Komisji powołano jednostkę ds. ochrony praw konsumentów, niezależnie od jej pracowników, której główną funkcją jest ochrona interesów konsumentów energii elektrycznej, gazu ziemnego i wody pitnej. W tym zakresie Komisja wykonuje znaczną część swojej pracy. Liczba wpływających wniosków rośnie z roku na rok, z których większość jest rozpatrywana na korzyść konsumentów. W 2015 r. Komisja anulowała ponad 800 tys. euro tej należności dla konsumentów.

Komisja jest jednym z założycieli Stowarzyszenia Regionalnego Regulatorów Energetyki (ERRA), które powstało w grudniu 2002 r. z inicjatywy 15 państw.

W ciągu 20 lat pracy Komisji osiągnięto następujące znaczące wyniki:

- Ustanowienie jasnych i sprawiedliwych zasad "gry" dla wszystkich podmiotów działających w tym sektorze;
- Impuls nadany prywatnym inwestycjom w sektorze oraz prywatyzacji większości przedsiębiorstw;
- Rozgraniczenie funkcji rządowych, gospodarczych i regulacyjnych. Po ustanowieniu niezależnego organu regulacyjnego, rząd pozbył się funkcji regulacyjnych, a zadania handlowe zostały przydzielone bezpośrednio jednostkom biznesowym, ale rząd jedynie realizuje opracowaną strategię i politykę;
- Stworzenie znacznie lepszych możliwości identyfikowania i

rozwiązywania problemów w sektorze oraz stworzenie podstaw do samofinansowania branży. Licencjobiorcy mieli możliwość określenia stojących przed nimi wyzwań oraz, w razie potrzeby, odzwierciedlenia ich w taryfach;

- Określenie praw i obowiązków licencjobiorców, a także zasad i procedur księgowania i dostarczania produktów (usług) oraz obowiązkowych zasad postępowania licencjobiorców w warunkach naturalnego monopolu. Stworzono przyjemne warunki do stymulowania konkurencji. Firmy te znacznie poprawiły swoje wyniki. Według raportu Banku Światowego Doing Business 2017, Gruzja zajmuje 39 miejsce w rankingu 190 gospodarek na łatwość pozyskiwania energii elektrycznej i awansowała o 26 pozycji do przodu;

- Stworzenie podstaw dla wzajemnie korzystnej współpracy pomiędzy firmami konsumenckimi i dystrybucyjnymi oraz poprawa jakości usług. W szczególności, w celu poprawy jakości handlowej, weszły w życie nowe przepisy, które określają: czas reakcji firm na gorącą linię; ramy czasowe informowania opinii publicznej o planowanych i nieplanowanych przerwach w ciągłości oraz o przywróceniu dostaw, a także o wysokości odszkodowań dla klientów w przypadku zniszczenia usług;
- Podjęto istotne środki w celu poprawy ram legislacyjnych i metodologicznych Komisji, jak również wzmocnienia stosunków między społeczeństwem a organizacjami międzynarodowymi. Opracowano zasady "regulacji motywacyjnych" oraz "regulacji kosztów i regulacji" przyjęte w praktyce międzynarodowej, które sprzyjają zachętom do poprawy efektywnego funkcjonowania przedsiębiorstwa, ukierunkowanej kompensacji wydatków oraz osiągania sprawiedliwego i solidnego zysku z kapitału produkcyjnego;

- Poprawa w zakresie pobierania opłat za usługi świadczone na rzecz licencjobiorców, która w początkowych latach była zbyt niska;
- Obecnie podejmowane są wszelkie uzasadnione środki mające na celu powstrzymanie i ustabilizowanie wzrostu taryf celnych. W tym celu nadano impuls rozwojowi i zrównoważonemu wykorzystaniu rodzimych zasobów w celu dywersyfikacji dostaw energii. Komisja wspiera rozwój odnawialnych źródeł energii. Określono status mikroelektrowni oraz zasady sprawozdawczości i rachunkowości;
- Przemysł jest wolny od ingerencji politycznych. Taryfy, jak również inne rodzaje regulacji tu wdrażanych, są lepiej zabezpieczone przed taką presją;
- Tworzenie sprzyjającego środowiska dla integracji gospodarki kraju w zglobalizowanym świecie. Istnienie podstawowych dokumentów przyjętych przez Komisję w znacznym stopniu przyczyniło się do przyciągnięcia inwestycji zagranicznych. Samo ustanowienie Komisji stało się jednym z głównych warunków wstępnych dla przyciągnięcia do kraju agencji międzynarodowych i inwestycji, a także dla przystąpienia do organizacji międzynarodowych i współpracy z nimi. Na przykład, partnerstwo Komisji z USAID rozpoczęło się od momentu ustanowienia Komisji. Agencja zapewnia Komisji pomoc techniczną, materialną, finansową i edukacyjną. Gruzja jest jednym z założycieli (od 2002 r.) Stowarzyszenia Regionalnego Regulatorów Energetyki (ERRA). W 2016 roku Gruzja stała się pełnoprawnym członkiem Europejskiej Wspólnoty Energetycznej;
- Komisja w znacznym stopniu przyczyniła się do poprawy dostępu do energii oraz wzmocnienia elektryfikacji i gazyfikacji. W okresie 20 lat (1997-2016) produkcja energii elektrycznej wzrosła o 61,4 %, zużycie energii - o 53,1 %, a zużycie gazu ziemnego wzrosło 2,2-krotnie.

Dotychczasowy deficytowy system energetyczny funkcjonuje teraz bez deficytu. Znaczna ilość energii elektrycznej jest również eksportowana. Produkcja energii elektrycznej w HPP (2010) osiągnęła najwyższy poziom w historii energetyki elektrycznej.

Na przestrzeni lat regulacja sektora energetycznego w Gruzji doprowadziła do poprawy bilansu energetycznego kraju.

Pod koniec 2013 r. zmieniono gruzińską ustawę o energii elektrycznej i gazie ziemnym. Zgodnie ze zmianami uprawnienia Komisji zostały znacznie rozszerzone i przyznano jej prawo do monitorowania rynków energii.

Na pierwszym etapie wzmacniania funkcji, Komisja już się rozwinęła:

- Standardowe warunki umowy bezpośredniej o świadczenie usług spedycyjnych i przesyłowych;
- Standardowe warunki umowy bezpośredniej o dostarczenie mocy stałej oraz umowy sprzedaży energii elektrycznej;
- Zasady sieci", które łączą zasady działania sieci przesyłowych i dystrybucyjnych;
- Jednym z głównych zadań w kolejnym okresie będzie opracowanie zasad i warunków jednolitego systemu rachunkowości dla podmiotów regulowanych.

Na początku 2014 r. zmieniono strukturę Komisji, która stała się bardziej postępowa, a także wprowadzono zmiany jakościowe. Komisja posiada następujące departamenty: Dział prawny; Dział Energii Elektrycznej; Dział Gazu Ziemnego; Dział Zaopatrzenia w Wodę; Dział Taryfikacji i Analiz Ekonomicznych; Dział Kadr i Zarządzania Biurem; Dział Reklamacji Klientów; Dział Wsparcia Metodycznego i Kontroli Jakości Usług; Dział Public Relations; Dział Finansów i Budżetu; Dział Informatyki; Dział Zamówień, Zarządzania Nieruchomościami i Logistyki; Rada Doradcza.

Komisja posiada również urząd publicznego obrońcy praw konsumenta, który działa bezstronnie. W ramach unijnego programu twinningowego opracowano i wdrożono nową stymulującą metodykę kalkulacji taryf energii elektrycznej. Metodologia ta zapewnia sprawiedliwą strukturę taryf sieciowych, rentowność spółek sieci dystrybucyjnej i korzystniejsze warunki inwestycyjne. Zwiększa się efektywność firm i ustala się godziwą stopę zwrotu. Ostatecznie nowa metodologia obliczania taryf przyczynia się do usprawnienia systemu taryfowego, przyciągania inwestycji i zachęcania do zakładania różnych przedsiębiorstw do inwestowania.

Nadchodzący okres będzie miał przełomowy charakter dla rozwoju Komisji, w celu poczynienia poważnych postępów na drodze do osiągnięcia głównego celu strategicznego - zapewnienia stałego dostępu do energii i zaopatrzenia w wodę, z uwzględnieniem interesów wszystkich uczestników rynku.

Innowacje w sektorze energetycznym Gruzji oznaczają modernizację i zwiększenie efektywności pracy Komisji, co z kolei warunkuje przekształcenie Komisji w odnowioną jednostkę instytucjonalną. Już w 2013 roku Gruzja zobowiązała się do członkostwa we wspólnocie energetycznej, co zostało już zrealizowane w

2016 r. i przewiduje realizację różnych działań, przede wszystkim dostosowanie gruzińskich ram prawnych dotyczących energii do trzeciego pakietu energetycznego Unii Europejskiej.

Wyraźnym przykładem wykorzystania projektów realizowanych w Gruzji i najlepszych praktyk międzynarodowych są zmiany w porządku prawnym i regulaminie w 2016 roku, dotyczące mikroelektrowni (tzw. "raportowanie netto"). Pozwala to odbiorcom detalicznym na wytwarzanie energii elektrycznej na własne potrzeby i kierowanie nadmiaru energii z powrotem do sieci za odpowiednią opłatą. Wszystko to stanowi bodziec nie tylko dla klientów poprzez zmniejszenie ich kosztów, ale również sprzyja wykorzystaniu energii odnawialnej.

Przyszła wizja Komisji przewiduje promowanie konkurencji w sektorach regulacyjnych, tworzenie korzystnego środowiska informacyjnego, stały wzrost efektywności gospodarczej, stopniową liberalizację regulacji, pełną ochronę praw konsumentów. Ich realizacja będzie opierać się na powszechnie uznawanych wartościach, takich jak: profesjonalizm i kompetencje, sprawiedliwość, niezależność, przejrzystość i jawność, szacunek i duch współpracy, komunikatywność, spójność w podejmowaniu wyzwań i tak dalej.

Wykorzystanie międzynarodowych najlepszych praktyk, zaleceń i nabytego doświadczenia pozwoli organom regulacyjnym na zwiększenie i wzmocnienie ich potencjału, poprawę standardów regulacyjnych, dzięki czemu mogą one przyczynić się do rozwoju tego sektora i stworzenia stabilnego środowiska inwestycyjnego.

Podstawowe zasady rozwoju

Bezpieczeństwo energetyczne

Bezpieczeństwo i stabilność energetyczna jest jednym z podstawowych elementów bezpieczeństwa narodowego Gruzji, a jednym z podstawowych zadań polityki energetycznej jest ubezpieczenie bezpieczeństwa narodowego.

Bezpieczeństwo energetyczne jest warunkiem zabezpieczenia przed ryzykiem wystąpienia zagrożenia w dostawach zarówno paliwa, jak i energii. Zagrożenie definiowane jest jako czynniki zewnętrzne (geopolityczne, makroekonomiczne) oraz wewnętrzne uwarunkowania i żywotność systemu energetycznego kraju.

Czynniki hamujące rozwój WE, stanowią jednocześnie źródło zagrożenia dla bezpieczeństwa energetycznego poszczególnych regionów Gruzji.

Doświadczenie potwierdza, że zagrożenie jest realne. Nieproporcjonalne dostawy energii do różnych regionów kraju stały się, chroniczną chorobą".

Celem polityki bezpieczeństwa energetycznego musi być stopniowe dostarczanie podstawowych parametrów na nowy jakościowo poziom. Parametry są:

- Zdolność WE do zaspokojenia popytu na zasoby energii o odpowiedniej jakości i po ekonomicznie opłacalnych cenach;
- Zdolność gospodarki do efektywnego wykorzystania krajowych i importowych zasobów energetycznych oraz do unikania irracjonalnych opłat i deficytu paliw i energii;
- Stabilność kompleksu energetycznego wobec zewnętrznych i wewnętrznych zagrożeń gospodarczych, technologicznych i naturalnych, a także zdolność do minimalizacji szkód.

Główne zasady utrzymania bezpieczeństwa energetycznego:

- W stabilnych warunkach - pełne zaopatrzenie gospodarki i ludności kraju w energię, a także w obecności wszelkiego rodzaju zagrożeń lub w sytuacjach ekstremalnych - utrzymanie minimalnych, niezbędnych parametrów;
- Stworzenie państwowej rezerwy zasobów energetycznych;
- Aktualizacja zasobów nieodnawialnych (wskaźniki zużycia zasobów nieodnawialnych paliw powinny odpowiadać wskaźnikom rozwoju źródeł, zastępując je);
- Dywersyfikacja rodzajów paliw i energii (system energetyczny nie powinien być uzależniony od jednego z krajów - dostawcy albo unikalnego rodzaju paliwa, albo energii);

- Utrzymanie bezpieczeństwa środowiskowego (utrzymanie równowagi pomiędzy rozwojem energetyki a rosnącymi wymaganiami ochrony środowiska);
- Zwiększenie efektywności energetycznej;
- Stworzenie korzystnych warunków ekonomicznych na krajowym rynku surowców energetycznych oraz racjonalizacja struktury importu;
- Wykorzystanie konkurencyjnych lokalnych zasobów energetycznych, instalacji i urządzeń we wszystkich możliwych procesach i projektach technologicznych.

Bezwarunkowe utrzymanie bezpieczeństwa energetycznego wymaga realizacji dwóch podstawowych zadań: modernizacji przestarzałej i zużytej fizycznie bazy technologicznej EC oraz odtworzenia jej przemysłowej. Konieczne jest przeprowadzenie gruntownej przebudowy i zwiększenie wydajności istniejących systemów, z wykorzystaniem zagranicznych urządzeń, instalacji i technologii akceptowalnych w warunkach krajowych Gruzji.

W drugim etapie należy zmodyfikować strukturę importu, produkcji i zużycia zasobów paliw i energii, tj. poprzez zwiększenie wykorzystania krajowych zasobów wodnych, gazu ziemnego, węgla i odnawialnych źródeł energii, poszukiwanie nowych złóż i włączenie ich do infrastruktury kompleksu.

Najważniejszym warunkiem bezpieczeństwa i rozwoju WE jest jedność celu i metod rozwoju energetyki oraz najściślejsze przestrzeganie wymogów prawnych.

Dla właściwego reagowania państwa na wystąpienie zagrożenia energetycznego konieczna jest analiza warunków bezpieczeństwa, prognozowanie wewnętrznych i zewnętrznych zagrożeń oraz ograniczanie ryzyka, aby opracować i zrealizować systemy działań operacyjnych i długofalowych, określić kryteria (wskaźniki) występowania różnych rodzajów zagrożeń, zaangażować system monitoringu.

W perspektywie krótkoterminowej, w celu zapobiegania sytuacjom nadzwyczajnym, zgodnie z ustawą Prawo Gruzji „O energii elektrycznej i gazie ziemnym", realizowana będzie odpowiednia strategia państwowa.

Strategia musi przewidywać plan działań w warunkach każdej sytuacji kryzysowej. W takich warunkach samo państwo jest odpowiedzialne za zarządzanie WE (jednolitym systemem energetycznym), jak stanowi konstytucja Gruzji.

Optymalizacja bilansu energetycznego

Bilans energetyczny, jako parametr ilościowy wszystkich przepływów energii, jest podstawowym instrumentem funkcjonowania gospodarki narodowej. Obejmuje on proces prognozowania i ustalania równowagi pomiędzy podażą i popytem na zasoby energetyczne w całym cyklu (od produkcji do konsumpcji). Do tej pory bilans energetyczny nie był systematyczny ani dokładny.

Rozwój energetyczny musi być wypracowany z punktu widzenia optymalizacji struktury bilansu energetycznego na poziomie sektorów i regionów Gruzji. Na podstawie parametrów prognostycznych rynków wewnętrznych zarówno krajów sąsiednich, jak i Gruzji, określane są ilości importowanego paliwa, podstawowe wykorzystanie zasobów wodnych, zdolności produkcyjne, postęp naukowo-techniczny oraz inne czynniki. Należy wziąć pod uwagę poziom popytu wewnętrznego, przywozu, wywozu i produkcji zasobów energetycznych kraju oraz odpowiednie wielkości inwestycji kapitałowych w WE, które zapewnią ewentualne wysokie stopy wzrostu gospodarczego.

Wspieranie konkurencyjnego rynku energii

Liberalizacja warunków funkcjonowania kompleksu energetycznego i częściowa prywatyzacja przedsiębiorstw w kraju prowadzona była bez systemu środków antymonopolowych i tworzenia efektywnej struktury krajowych rynków energii. W warunkach integracji pionowej, w większości dziedzin WE system produkcji, koncentracji kapitału i handlu krajowego wszystkimi rodzajami zasobów energetycznych nadal charakteryzuje się niezadowalającym poziomem konkurencji, brakiem obiektywnych wskaźników popytu i podaży, niejasnością zasad kształtowania się cen i przepływów finansowych. Istnienie systemu zamkniętego, który nadal charakteryzuje handel surowcami energetycznymi, utrudnia tworzenie warunków dla sprawiedliwego, ekonomicznie uzasadnionego kształtowania cen i poprawy jakości produkcji oraz tworzy korzystne środowisko dla sztucznych deficytów produktów.

Celem polityki w tym zakresie jest stałe zaspokajanie wewnętrznego zapotrzebowania na wysokiej jakości surowce energetyczne po cenach, stabilnych i akceptowalnych dla konsumenta, które z kolei będą oparte na rozwoju konkurencyjnego i przejrzystego rynku energii, zgodnie z prawnymi zasadami organizacji handlu.

Podstawowe warunki rozwoju wewnętrznego rynku energii:

- Polityka koncentrowała się na tworzeniu konkurencyjnej struktury rynku energii w kompleksie energetycznym (w tym na reformowaniu naturalnych monopoli);
- Polityka w zakresie: kształtowania cen (taryf), regulacji podatkowych i celnych;
- Tworzenie przepisów prawnych i instytutów handlu zasobami energetycznymi;

- Tworzenie i rozwój mechanizmów kontroli państwowej nad rynkiem regulowanym;

Środki polityki strukturalnej, skoncentrowane na tworzeniu konkurencyjnego rynku energii, zapewniają:

- Kształtowanie racjonalnej konfiguracji rynku paliw i energii, restrukturyzacja branży i układu terytorialnego przedsiębiorstw, optymalne proporcje scentralizowanych i zdecentralizowanych dostaw energii, struktury i kształtowanie mechanizmów regionalnego i wewnątrzregionalnego obiegu towarowego;
- Wprowadzenie konkurencji handlowej (w tym w sferach przemysłu gazu ziemnego i energii elektrycznej), reorganizacja struktury korporacyjnej, stymulowanie samodzielnej produkcji energii; Stworzenie efektywnego systemu zarządzania majątkiem państwowym i regulacji monopoli naturalnych.

Reforma sektora energii elektrycznej jest kontynuowana w oparciu o ograniczenia działalności monopoli naturalnych i wspieranie potencjalnie konkurencyjnych dziedzin, przekształcenie istniejącego rynku energii elektrycznej (hurtowej) w rynek konkurencyjny o wysokiej jakości oraz utworzenie detalicznego rynku energii elektrycznej.

Priorytety przekształceń strukturalnych w branży zużycia gazu są następujące::

- Rachunek przez podmioty oddziałowe odrębnych rodzajów wydatków;
- Przejrzystość działalności finansowej i gospodarczej;
- Zwiększenie efektywności zarządzania przedsiębiorstwem;
- Poprawa wewnętrznego systemu handlu;

- Likwidacja słabych jednostek istniejących w systemie transportu gazu, które utrudniają przejście kompleksu dostaw gazu ziemnego na wolny rynek (tylko w pierwszym etapie kompleks dostaw).

Środki uzupełniające w zakresie regulacji taryfowych, podatkowych i celnych zapewnią stabilność makroekonomiczną i społeczną, tworząc warunki sprzyjające wzrostowi gospodarczemu kraju, zwiększając tym samym zarówno stabilność finansową, jak i atrakcyjność inwestycyjną gruzińskich przedsiębiorstw energetycznych.

W tych celach przewiduje się, co następuje:

- Likwidacja ah nieuzasadnionej dysproporcji pomiędzy cenami podstawowej energii poprzez doskonalenie mechanizmów ekonomicznych i podatkowych;
- Zniesienie subsydiowania krzyżowego;
- Ustanowienie środków kompensacyjnych na wypadek wzrostu cen zasobów energetycznych dla najmniej uprzywilejowanych grup ludności;
- W ramach reformy podatkowej - wzmocnienie stymulacji: wzrostu produkcji, dystrybucji i efektywnego wykorzystania zasobów energetycznych;
- Kształtowanie systemu celnego i podatkowego w zakresie importu energii, który będzie odzwierciedlał elastyczny wpływ domysłów rynku światowego na stan zarówno rynku krajowego, jak i przedsiębiorstw WE, *a także będzie* promował eksport wysokiej jakości surowców energetycznych.

Tworzenie instytutów przepisów prawnych dotyczących handlu surowcami energetycznymi przewiduje:

- Tworzenie podstaw prawnych działalności dla członków konkurencyjnego rynku energii;
- Ustanowienie i uregulowanie ogólnych zasad dostępnych dla infrastruktury członków rynku;
- Przejrzystość przetargów na sprzedaż i zakup zasobów energetycznych, rozwój systemu licencjonowania handlu jako warunek (Niejasna liberalizacja cen w odpowiednich sektorach WE);
- Stworzenie instytucji otwartego handlu zasobami energetycznymi w oparciu o zasady wymiany towarowej i jednakowo dostępnej dla wszystkich dostawców i odbiorców.

Rozwój handlu na giełdzie towarowej daje możliwość ustalenia rozsądnych cen na zasoby paliwowe i obiektywnego wyliczenia podatków i ceł" oraz promuje stosowanie narzędzi zarządzania ryzykiem.

Dodatkowe instrumenty stabilizacji rynku mogą być zapewnione poprzez tworzenie rezerw państwowych odrębnych rodzajów zasobów energetycznych oraz wykorzystanie zorganizowanych interwencji towarowych.

Tworzenie i rozwój mechanizmów kontroli państwa nad regulowanym rynkiem energii przewiduje, co następuje:

- Metody kontroli antymonopolowej na rynku energii, z wyjątkiem monopolizacji wyodrębnionego segmentu rynku, w szczególności rzadkich towarów i usług;

- Utrzymanie efektywnego monitoringu działalności handlowej operatorów technicznych i handlowych rynku energii, a także dostawców surowców energetycznych;
- Środki zapobiegawcze i zwalczanie nadużyć na rynku przez większe organizacje wywierające nadmierny wpływ;
- Stworzenie systemu zintegrowanego monitorowania rynku energii

Środki te dają możliwość wzmocnienia konkurencji i ograniczenia wzrostu całkowitych cen energii podczas likwidacji cen nieproporcjonalnych w stosunku do zasobów energetycznych oraz utrzymania samofinansowania organizacji WE.

Oszczędność energii

W XX wieku ludzkość aktywnie korzysta z łatwo dostępnych zasobów organicznych. W tym okresie mniej uwagi poświęcono rozwojowi człowieka i problemom życia w kontekście środowiskowym. W wyniku tego system energetyczny niemalże wyczerpał tradycyjne możliwości.

Trudno będzie utrzymać ten sam poziom produkcji i zużycia energii bez radykalnych zmian w systemie energetycznym.

Wraz z większością krajów Gruzja, zgodnie z zaleceniami ONZ, akceptuje narodową strategię stabilnego rozwoju społeczeństwa.

W kontekście stabilnego rozwoju kraju kluczową rolę odgrywa system energetyczny, którego zadaniem jest przekształcenie naturalnych zasobów energetycznych w produkt przydatny dla cywilizacji ludzkiej. Tak więc sam system energetyczny potrzebuje znacznego wsparcia dla rozwoju.

W XXI w. należy zaprzestać marnotrawnego wykorzystywania energii w Gruzji i rozwiązać wcześniejsze problemy związane ze wzrostem energochłonności w sektorze produkcji, wykorzystania i obsługi energetycznej na wszystkich poziomach.

Jak wynika z analizy ekspertów, całkowite straty energii w krajach rozwiniętych i na całym świecie stanowią około 20 % i są najlepszą okazją do zwiększenia efektywności.

Do tej pory naukowcy nie byli w stanie zapewnić zarówno wystarczającego postępu w dziedzinie technologii masowej produkcji energii, jak i znacznego obniżenia strat energii w produkcji energii z paliwa organicznego.

W ciągu około 100 lat produkcji energii elektrycznej z paliw organicznych efektywność energetyczna wzrasta tylko z 20 % do 45 %, dlatego też energia elektryczna pozostaje jedną z najdroższych form energii.

Wraz z innymi trudnościami gospodarczymi Gruzja ma problem wewnętrznego niedoboru energii. W związku z tym w perspektywie długoterminowej Gruzja musi podjąć nadzwyczajne środki w celu zwiększenia skuteczności w celu ograniczenia przywozu.

Wzrost poziomu efektywności energetycznej zapewni długoterminową perspektywę rozwoju zarówno kompleksu energetycznego, jak i gospodarki narodowej jako całości. Ukierunkowanie na technologie energochłonne staje się nie tylko przyczyną spadku konkurencyjności gospodarki narodowej, ale także stworzy poważne i prawie nie do pokonania problemy w zaspokojeniu zapotrzebowania kraju na surowce energetyczne. Dlatego też priorytetowym zadaniem strategii energetycznej jest wspieranie działań w zakresie przejścia na technologie energooszczędne we wszystkich sektorach kompleksu energetycznego i sferach gospodarki krajowej.

W związku z tym celem kraju w zakresie efektywności energetycznej jest dokładne i bezwarunkowe przestrzeganie zaplanowanych priorytetów strategicznych w zakresie zwiększania efektywności energetycznej. Można to osiągnąć jedynie poprzez realizację szerokiego spektrum działań stymulujących i regulujących wpływ na zużycie zasobów energetycznych, co zapewni:

- Realizacja celowej polityki przemysłowej i strukturalnej transformacji gospodarki na rzecz obszarów przemysłowych i sfery usług o niskiej energochłonności;
- Perfekcja potencjału technologicznego w zakresie oszczędzania energii;

Dla zintensyfikowania oszczędności energii jest konieczne:

- Zachęty cenowe - regulowanie zasobów energetycznych za pomocą zróżnicowanych stawek, uzasadnionych i akceptowalnych dla ludności, wynikających ze stanu ekonomicznego i społecznego kraju;
- Likwidacja subsydiowania skrośnego podczas tworzenia taryf (głównie w przemyśle energetycznym);
- Odnowa i doskonalenie funduszy kapitałowych, realizacja reform w zakresie mieszkalnictwa i usług komunalnych;
- Stworzenie jednolitego systemu środków prawnych, administracyjnych i ekonomicznych stymulujących efektywne wykorzystanie energii.

W ramach tego systemu jest przewidziany:

- Przyjęcie ustawy "O przepisach technicznych" oraz wprowadzenie surowych norm, zasad i ograniczeń dotyczących zużycia paliw i energii wraz z odpowiednimi zachętami finansowymi;

- Dokładna rachunkowość i kontrola zużycia energii;
- Ustanowienie norm granicznych dotyczących zużycia i strat energii, odpowiednich obowiązkowych certyfikatów liczników energii, urządzeń i wyposażenia do masowego użytkowania;
- Regularne audyty zużycia energii w przedsiębiorstwach;
- Wprowadzenie dodatkowej ekonomicznej stymulacji oszczędzania energii;
- Państwowy system popularyzacji znaczenia oszczędzania energii, masowe szkolenia personelu, publikacja uzyskanych wyników;
- Dostępność informacji na temat środków, technologii, wyposażenia i specyfikacji technicznych w zakresie oszczędzania energii;
- Wsparcie dla biznesu w zakresie oszczędzania energii ukierunkowane na rozwiązywanie tak optymalnych decyzji naukowych, projektowo-technologicznych i przemysłowych, które będą ukierunkowane na obniżenie zużycia energii.

Dodatkowymi narzędziami stymulacji oszczędzania energii są mechanizmy przewidziane w protokole z Kioto, w tym wspólne projekty i handel kwotami emisji gazów spalinowych.

Jest to konieczne, środki oszczędności energii i jej efektywnego wykorzystania stały się obowiązkową częścią programów regionalnych i miejskich.

Kraj musi zwracać szczególną uwagę na nadzór nad osobami prawnymi w zakresie racjonalnego i efektywnego wykorzystania energii elektrycznej, na podstawie decyzji organizacji regulacji energetyki, realizacji wspomnianych norm w licencjonowanym sektorze energetycznym.

Ochrona środowiska

Jednym z głównych problemów strategicznych KE jest poszukiwanie niezbędnych sposobów na sformułowanie stabilnego systemu oszczędzania energii w kraju oraz rozwiązanie zadań związanych ze wzrostem efektywności energetycznej i ochroną środowiska.

Ponieważ WE jest jednym z głównych źródeł zanieczyszczenia środowiska, funkcjonowanie i rozwój systemu energetycznego w ostatnim okresie zderzyły się z dość ostrymi problemami środowiskowymi.

Ze względu na niskie wskaźniki recyklingu odpadów i niemożność ich przetworzenia na dużą skalę jednym z najpoważniejszych i najpilniejszych problemów WE jest niebezpieczne zanieczyszczenie terytorium ropą naftową i produktami ropopochodnymi.

Poważnym problemem jest koncentracja negatywnych wpływów w wyniku działalności przedsiębiorstw WE na obszarach produkcji energii. Niezadowalający poziom ekologiczny procesów technologicznych, przestarzałość urządzeń i instalacji, niezabudowana struktura ochrony środowiska (system redukcji i neutralizacji negatywnego wpływu na środowisko) - wszystko to składa się na ten problem.

Szczególnie niepokojący jest problem utrzymania bezpieczeństwa środowiskowego dużych projektów wydobycia ropy naftowej i gazu ziemnego na szelfie Morza Czarnego. Celem polityki energetycznej w dziedzinie ekologii jest stopniowe zmniejszanie obciążenia środowiska naturalnego przez WE oraz podejście do europejskich standardów ochrony środowiska.

Do wykonania wspomnianego zadania konieczne i ważne jest podjęcie następujących działań:

- Wiodące ze wzmocnienia wymagań środowiskowych dla działalności i produkcji WE, stosowania wysoce efektywnych metod ekologicznych, produkcji i zużycia zasobów czystej energii w środowisku; zapewnienia zachęt ekonomicznych do stosowania technologii o niskiej ilości odpadów lub bez odpadów z systemem odszkodowań na rzecz państwa; oświadczenia w drodze ustawy o zasadzie podobnych odszkodowań i nadania charakteru odszkodowań ekonomicznych (w tym funduszy ubezpieczeniowych środków zapobiegawczych); zarządzania i racjonalizacji podatków od wykorzystania zasobów naturalnych wraz z wymogiem prawnym dotyczącym ubezpieczeń środowiskowych;
- Wzmocnienie kontroli przestrzegania wymagań środowiskowych przy realizacji inwestycji oraz wprowadzenie państwowego systemu ekspertyz środowiskowych.

Dla realizacji zadań związanych z bezpieczeństwem energetycznym środowiska konieczne jest rozwiązanie następujących kwestii:

- Racjonalna produkcja i wykorzystanie zasobów energetycznych, tworzenie zasobów energetycznych - oszczędzających, niskoodpadowych lub bezodpadowych czystych ekologicznie technologii, redukcja emisji i gazów termicznych zanieczyszczających środowisko, zmniejszenie szkodliwego działania odpadów przemysłowych i innych oraz utylizacja odpadów;
- Budowa i przebudowa systemów ochrony środowiska, w tym zwiększenie tempa filtracji i neutralizacji substancji naturalnych

w spalinach, ściekach, oczyszczanie gruntów zanieczyszczonych i uszkodzonych podczas budowy i eksploatacji obiektów energetycznych, a także wykorzystanie odpadów przemysłowych jako surowca wtórnego;

- Zapewnienie bodźców ekonomicznych do racjonalnego wykorzystania gazów z głowicy skrzyniowej, tłumienie praktyki ich spalania w pochodniach (przede wszystkim kosztem stworzenia ekonomicznie korzystnych warunków stosowania takich gazów);
- Wprowadzenie czystych ekologicznie technologii spalania węgla w elektrociepłowniach i innych przedsiębiorstwach, jako warunek perspektyw wykorzystania węgla;
- Poprawa jakości paliwa węglowego (w tym jego wzbogacanie, przetwarzanie, nawiasowanie itp.);
- Użycie mojego metanu;
- Wzrost produkcji wysokiej jakości paliw silnikowych zgodnych z normami europejskimi, poprawiony pod kątem zgodności z wymogami zaawansowanej podstawy prawnej dotyczącej substancji zanieczyszczających i gazów spalinowych emitowanych w wyniku spalania produktów naftowych;
- Opracowanie i realizacja programów minimalizacji szkód środowiskowych powodowanych przez budowę i funkcjonowanie elektrowni wodnych;
- Organizacja prac nad certyfikacją technologii i środków ochrony środowiska;
- Organizacja szkoleń dla ekspertów pracujących w dziedzinie ochrony środowiska.

Decyzja o realizacji wymienionych zadań wymaga harmonijnej podstawy prawnej zapewniającej nowoczesny poziom wymagań środowiskowych i osiągnięć naukowo-technicznych, stworzenia jednolitego systemu informacyjnego monitoringu ekologicznego, przestrzegania odpowiednich warunków ochrony środowiska, stymulacji i regulacji inwestycji.

Strategia środowiskowa WE wynika z konieczności wypełnienia przez Gruzję jej międzynarodowych zobowiązań w dziedzinie ekologii i jest sformułowana z myślą o tych globalnych problemach rozwoju nowoczesnego systemu energetycznego, które są związane z ochroną środowiska i które gwarantują stabilną przyszłość ludzkości.

Z kilku mechanizmów finansowych realizacji ram w zakresie zmian klimatycznych przewidzianych w protokole z Kioto (który został ratyfikowany w Gruzji w lipcu 1999 r.), Gruzja, jako kraj rozwijający się, ma prawo do stosowania "Mechanizmu Czystego Rozwoju" (CDM).

"Mechanizm czystego rozwoju" umożliwia Gruzji opracowanie długoterminowej strategii energetycznej opartej na wzroście efektywności energetycznej i szybkim rozwoju odnawialnych źródeł energii.

Wykorzystując "Mechanizm Czystego Rozwoju", poprzez redukcję emisji dwutlenku węgla (i innych gazów termicznych), we współpracy z krajami rozwiniętymi pod egidą protokołu z Kioto, oraz w oparciu o mechanizmy rynkowe Gruzja otrzyma unikalną szansę na przeprowadzenie odbudowy i modernizacji kompleksu energetycznego oraz rozwiązanie problemów ochrony środowiska i gospodarki poprzez realizację zakrojonych na szeroką skalę działań w zakresie efektywności energetycznej i oszczędności energii we wszystkich sferach gospodarki (w tym gospodarki komunalnej).

Relacje energetyczne z zagranicą

Zagraniczne relacje energetyczne Gruzji koncentrują się na integracji w międzypaństwowym systemie regionalnym z przyciąganiem inwestorów zagranicznych w sferze produkcji i eksploatacji krajowych zasobów energetycznych oraz na zwiększeniu efektywności kompleksu.

Gruzja, z pozycji uzależnienia od importowanych zasobów energetycznych, powinna stopniowo przekształcać się w państwo o stabilnym, konkurencyjnym, elastycznym i niezależnym systemie energetycznym o wysokich parametrach technicznych i ekonomicznych.

Z tego wynikają cele zagranicznej polityki energetycznej:

- Poprawa parametrów udziału WE w międzypaństwowym regionalnym rynku energetycznym Gruzji w celu utrzymania stabilności i niezawodności systemu energetycznego;
- System niedyskryminacji w działalności w zakresie handlu zagranicznego w kompleksie energetycznym;
- Przyciąganie inwestycji zagranicznych na racjonalnych i wzajemnie akceptowalnych warunkach;
- Rozwój nowych form współpracy międzynarodowej w dziedzinie energetyki, w tym w sferze naukowej i technicznej;
- Tworzenie mechanizmów koordynacji współpracy w zakresie handlu zagranicznego w sektorze energetycznym;
- Ustanowienie stabilnego i niezawodnego partnerstwa z inwestorami zagranicznymi i krajami sąsiadującymi.

Strategiczne znaczenie dla Gruzji ma perspektywa rozwoju infrastruktury transportu energii na osi wschód-zachód i północ-południe, łączącej Europę z Azją. Ze względu na swoje położenie geograficzne, kompleks energetyczny kraju może być skutecznie zaangażowany w procesy unifikacji zarówno produkcji energii elektrycznej, transportu, jak i zużycia kaspijskiej ropy i gazu w regionie Kaukazu. Może on promować integrację gospodarczą i stabilność polityczną w regionie oraz być skutecznie połączony z funkcjonującymi regionalnymi i międzyregionalnymi korytarzami transportu zasobów energetycznych.

Jest oczywiste, że kompleks energetyczny jest jednym z najważniejszych segmentów polityki państwa i jednym z podstawowych źródeł tworzenia PKB kraju.

Korytarz energetyczny Gruzji będzie znacząco promował jej integrację z systemem regionalnych stosunków gospodarczych, który jest kluczowym czynnikiem gospodarczym stabilności politycznej w kraju.

Potencjał energetyczny energii elektrycznej, ropy naftowej i gazu na terytorium Gruzji będzie miał zasadniczy wpływ na rozwój gospodarki narodowej: zrealizowane zostaną podstawy do przetwarzania pierwotnych zasobów energii w energię elektryczną, gaz płynny i ropę naftową, wzrost podstawowych mocy energetycznych oraz eksport dość drogiej energii.

Realizacja określonych projektów wymaga spełnienia następujących warunków:

- Promocja wzrostu zainteresowania krajów rozwiniętych basenu Morza Kaspijskiego i Czarnego, co powoduje rosnące wsparcie krajów regionu południowo-kaspijskiego;
- Stabilne gwarancje bezpiecznego, pokojowego i demokratycznego rozwoju krajów tego regionu;
- Ich przyspieszenie integracji w globalnej przestrzeni gospodarczej;

- Promocja, w krajach regionu, korzystnego środowiska, dla inwestycji zagranicznych;
- Zapewnienie przyspieszonego rozwoju korytarzy transportowych i komunikacyjnych wschód-zachód i północ-południe, które stwarzają niezbędne warunki ekonomiczne do stworzenia niezawodnego systemu współpracy regionalnej i rozwiązywania konfliktów, istniejącego w regionie.

W związku z tym główne zadania w tej dziedzinie są następujące:

- Na zasadzie parytetu, współpraca z sąsiadem i innymi krajami, które są bogate w zasoby energetyczne;
- Rozwój i wsparcie relacji biznesowych inicjowanych przez przedsiębiorstwa WE;
- Udział w międzynarodowych programach energetycznych;
- Prawodawcze wsparcie skutecznej polityki w zakresie zewnętrznego marketingu energii.

REFERENCJA

1. Mirskhulava D, Chomakhidze D, Arveladze R, Eristavi E, Tsintsadze P et al. (2004) Energy strategy of Georgia, Bakur Sulakauri, Tbilisi, Georgia p: 297.
2. Demur Chomakhidze; Maia Melikidze. Potencjał energii odnawialnej i jego wykorzystanie w Gruzji. Nauki przyrodnicze Zasoby odnawialne.
3. Demur Chomakhidze, Davit Narmania. Syntetyczne zarządzanie energią i ekologią w Gruzji. American Association for Science and Technology.
4. Demuri Chomakhidze, Omari Zivzivadze, Petre Kachkachishvili, Akaki Kiladze. Rola i znaczenie oszczędzania energii w Gruzji. Wydawnictwo Badań Naukowych.
5. Demur Chomakhidze. Bilans energetyczny Gruzji w roku 2016. ScienceDirect.
6. Demur Chomakhidze, Ketevan Tskakaia, David Shamievi. Dwadzieścia lat doświadczeń w zakresie regulacji energetyki w Gruzji. ScienceDirect, Energy procedia 128 (2017) 130-135

7. Krajowy urząd statystyczny Gruzji (Geostat) (2016) Bilans energetyczny Gruzji w roku 2016. Publikacja statystyczna, s. 49.
8. Chomakhidze, D. (2014) Energy Sector of Georgia. Uniwersytet Techniczny, Tbilisi. (W języku gruzińskim)
9. Rocznik statystyczny Gruzji, Geostat, 2016.
10. Gvelesiani, T. i Chomakhidze, D. (2011) Georgian Energy Security (Hidroeco-logical and Economical problems of engeneering) Tbilisi. P. 468.
11. Chomakhidze, D. (2007) Bilans energetyczny Gruzji 2007. Tbilisi. P. 230.
12. http://www.geostat.ge/
13. Chomakhidze, D. Energy of Georgia: Gospodarczy, regulacyjny, statystyczny, Tb. 2014. P. 185.
14. Strategia energetyczna Gruzji - 2016-2025, Ministerstwo Energii Gruzji, Tb. 2017, p. 56.
15. Chomakhidze, D. Georgia Energy Resources; Central Asian and the Caucasus 4 (46), 2007.
16. Rocznik statystyczny Gruzji, 2000-2016.
17. Ustawa Gruzji o energii elektrycznej i gazie ziemnym, parlament Gruzji, Tb. 1999.

18. Dziesięcioletni plan rozwoju sieci w Gruzji w latach 2017-2027, Gruziński Państwowy System Elektroenergetyczny (GSE) Tb. 2017, p. 254.
19. Raporty roczne gruzińskiej Krajowej Komisji Regulacji Zaopatrzenia w Energię i Wodę (GNERC) 1999-2017.
20. Chomakhidze, D., Tschakaia K. The challengers for Energy Efficiency Georgia, Conference materials, Ganga, 2016. P. 5.
21. Gruzińska krajowa komisja regulacyjna ds. zaopatrzenia w energię i wodę, http://www.gnerc.org/
22. Georgian State Elecrosystem, https://gse.ge/
23. Chomakhidze, D. kublashvili G. Mosakhlishvili L. (2017) Renewable energy resources of Georgia: Źródła i realizacja. Wydawnictwo akademickie Lambert, Niemcy.
24. Jordania Ir, Urushadze T, Fareshishvili O, Mirianashvili N, Chomakhidze, D, et al. (2015) Natural resources of Georgia, Tbilisi in Georgian, Georgia, s. 1183
25. Chomakhidze, D, Shengelia G (2017) Kompleks energetyczny Gruzji. Wydawnictwo akademickie Lambert, Niemcy.
26. Ministerstwo Energii Gruzji. Strategia energetyczna Gruzji, Gruzja s.: 2016-2025.
27. Chomakhidze Demur, (2006) Bilans energetyczny Gruzji. Gruziński Uniwersytet Techniczny, Tbilisi, Gruzja, s. 353.
28. Chomakhidze Demur (2003) Bezpieczeństwo energetyczne Gruzji, PDP, Tbilisi, Gruzja p: 545
29. Gruzińska krajowa komisja regulacyjna ds. dostaw energii i wody, sprawozdania roczne 2000-2017.
30. Gruziński operator rynku energii (ESCO), sprawozdania roczne 2005-2015.
31. (2014) Słowo kluczowe "statystyka energetyczna". s: 2014.

Spis treści